Die in den Sitzungsberichten Abtlg. I und Abtlg. II a der math.-nat. Klasse der Österr. Ak. d. Wiss. erscheinenden Abhandlungen werden auch einzeln abgegeben. Sie können durch jede Buchhandlung oder direkt durch die Auslieferungsstelle der Österreichischen Akademie der Wissenschaften (Wien I, Singerstraße 12) bezogen werden.

Nachfolgende Abhandlungen aus dem Fach der **Zoologie** sind erschienen:

1956 (S I Bd. 165):

Brehm V.: Bemerkungen zu einigen neueren Cladocerenfunden aus Amerika (mit 2 Textabbildungen). S 9.—

Brehm V.: Über einige Entomastraken Südamerikas (mit 7 Textabbildungen). S 8.50

Janczyk F. St. W.: Anatomie von Siro duricorius Joseph im Vergleich mit anderen Opilioniden (mit 28 Textabbildungen). S 40.—

Mathes Ingeborg: Zur systematischen Stellung der Gattung Platyarthus Brandt (mit 9 Textabbildungen). S 10.50

Medwenitsch W.: Zur Geologie Vardarisch-Makedoniens (Jugoslawien) zum Problem der Pelagoniden (mit 11 Abbildungen im Text und auf 2 Tafeln und 2 Beilagen). S 51.—

Schiller J.: Untersuchungen an den planktischen Protophyten des Neusiedler Sees 1950—1954 III. Teil: Euglenen (mit 70 Abbildungen auf 15 Tafeln). S 47.80

1957 (S I Bd. 166):

Janetschek H. und Steiner W.: Zoologisch-systematische Ergebnisse der Studienreise in die spanische Sierra Nevada 1954.
Janetschek H.: I. Einführung. S 2.80
Wagner E.: II. Einige neue Heteropteren (mit 26 Textabbildungen). S 7.60
Lengersdorf F.: III. Neue Lycoriiden (Sciariden) (Ins., Diptera) (mit 1 Textabbildung). S 3.—
Schmitz H. S. J.: IV. Phoridae (Diptera) (mit 5 Textabbildungen und 3 Tafeln). S 18.10
Priesner H.: V. Thysanoptera.
Roudier A.: VI. Drei neue Curculioniden-Arten (Coleoptera) (mit 1 Textabbildung). S 10.—
Denis J.: VII. Araneae (mit 23 Textabbildungen und 1 Tafel). S 31.50
Scheller U.: VII. Symphyla. S 3.—

Kühnelt W.: Ergebnisse der Österreichischen Iran-Expedition 1949/50. Die Tenebrioniden Irans (mit 1 Tafel). S 33.20

Kühnelt W.: Weiß als Strukturfarbe bei Wüstentenebrioniden (mit einem Beitrag von C. Koch, Pretoria) (mit 1 Tafel). S 8.60

Starmühlner F.: Ergebnisse der Österreichischen Island-Expedition 1955. Zur Individuendichte und Formänderung von Lymnaea peregra Müller in isländischen Thermalbiotopen (mit 7 Textabbildungen und 2 Tafeln). S 46.80

Starmühlner F.: Ergebnisse der Österreichischen Iran-Expedition 1949/50. Beiträge zur Kenntnis der Molluskenfauna des Iran, und Edlauer Ä.: Konchyliologische Bestimmungen und Beschreibungen (mit 17 Textabbildungen, 3 Tafeln und 1 Beilage).

Tollmann A.: Die Mikrofauna des Burdigal von Eggenburg (Niederösterreich) (mit 2 Textabbildungen 7 Tafeln und 2 Tabellen). S 45.90

Wettstein O.: Nachtrag zu meiner Herpetologia aegaea (mit 2 Textabbildungen und 8 Tafeln). S 56.60

1958 (SI Bd. 167):

Amsel Hans Georg: Ergebnisse der Österreichischen Iran-Expedition 1949/50. Lepidoptera II. (Microlepidoptera) (mit 1 Tafel und 7 Textabbildungen). S 12.60

Beier Max, Reimoser E. und Kritscher E.: Zoologische Studien in West-Griechenland. VII. Teil Araneae. S 5.70

Brehm V.: Bemerkungen zu einigen Kopepoden Südamerikas (mit 5 Textabbildungen). S 25.60

Brehm V.: Die systematischen Verhältnisse bei Notodiaptomus Anisitsi Daday und perelegans Wright (mit 4 Textabbildungen). S 10.50

Löffler Heinz: Die Klimatypen des holomiktischen Sees und ihre Bedeutung für zoogeographische Fragen (mit 1 Textabbildung und 1 Beilage). S 27.30

Mihelčič Franz: Zoologisch-systematische Ergebnisse der Studienreise von H. Janetschek und W. Steiner in die spanische Sierra Nevada 1954, IX. Milben (Acarina) (mit 10 Textabbildungen). S 21.60

Nemenz Harald: Beitrag zur Kenntnis der Spinnenfauna des Seewinkels (Burgenland, Österreich) (mit 3 Textabbildungen). S 27.30

Reisser Hans: Ergebnisse der Österreichischen Iran-Expedition 1949 50. Lepidoptera I. (Macrolepidoptera) (mit 44 Abbildungen auf 9 Tafeln und 1 Karte). S 57.70

Scheerpeltz Otto: Zoologische Studien in West-Griechenland. VIII. Staphylinidae (Col.) (mit 1 Textabbildung). S 48.30

Scheminzky F. und Stipperger H.: Über die Fluoreszenz der Eihäute beim Weberknecht Gyas annulatus (mit 1 Textabbildung und 1 Tafel). S 8.10

Schuster Reinhart: Beitrag zur Kenntnis der Milbenfauna (Oribatei) in pannonischen Trockenböden (mit 4 Textabbildungen). S 12.60

Viets O. Kurt: Wassermilben aus der Schwechat (Wienerwald) (mit 20 Textabbildungen). S 19.80

ISBN 978-3-662-23224-8   ISBN 978-3-662-25235-2 (eBook)
DOI 10.1007/978-3-662-25235-2

Ökologisch-faunistische Untersuchungen an bodenbewohnenden Kleinarthropoden (speziell Oribatiden) des Salzlachengebietes im Seewinkel[1]

Von REINHART SCHUSTER, Graz

Mit 6 Textabbildungen und 6 Tabellen

(Vorgelegt in der Sitzung am 16. Oktober 1958)

(Aus dem II. zoologischen Institut der Universität Wien und dem Zoologischen Institut der Universität Graz)

I. Einleitung.

Salzböden stellen infolge der dort herrschenden extremen Lebensbedingungen für die landbewohnende Tierwelt einen speziellen Lebensraum dar. Untersuchungen über die tierische Besiedlung derartiger Böden beanspruchen daher im Rahmen der ökologischen Forschung besonderes Interesse, weshalb schon verhältnismäßig viele Untersuchungen darüber vorliegen. Allerdings wurde meist nur die Makrofauna genauer bearbeitet. Unsere Kenntnis der Kleintiere, speziell der Kleinarthropoden ist hingegen noch sehr lückenhaft. Während über die Collembolen der Meeresküsten bereits mehrere umfangreiche Bearbeitungen vorliegen (STRENZKE 1955 u. a.), wurde die Milbenfauna nur von wenigen Autoren eingehender behandelt (z. B. SELLNICK 1949, WILLMANN 1937 u. 1939a), wobei das Hauptgewicht auf einer jeweiligen Bestandesaufnahme lag und ökologische Daten nur zusätzlich angeführt wurden. In der grundlegenden Bearbeitung der norddeutschen Oribatei durch STRENZKE (1952) haben wir erstmals einen Einblick in die biozönotische Gliederung dieser Milbengruppe im Bereich der Küstensalzböden erhalten. Eine Ergänzung erfuhren diese Befunde durch die Untersuchungen von KNÜLLE (1957).

[1] Subventioniert durch den Verein der Freunde der Österreichischen Akademie der Wissenschaften.

Über die an Binnenland-Salzstellen lebenden Kleinarthropoden ist ungleich weniger bekannt. Die einzige größere Milbenaufsammlung aus einem solchen Gebiet in Polen hat WILLMANN (1949) bearbeitet. Hinsichtlich der Salzzusammensetzung schließen sich die von ihm untersuchten Stellen eng an die Natriumchloridböden der Meeresküsten an. Einen ganz anderen Typus repräsentieren hingegen die österreichischen Salzböden östlich des Neusiedler Sees; es sind alkalireiche ,,Sodaböden" (Solontschakböden). Die Bodenkleinarthropoden dieses Gebietes fanden bisher keine besondere Berücksichtigung. FRANZ, HÖFLER u. SCHERF erwähnen bei ihren biozönotischen Untersuchungen zwar Milben, jedoch ohne nähere Angaben. Über die Milben und Collembolen einiger Probestellen im Neusiedler Seegebiet, allerdings ohne Berücksichtigung des eigentlichen Salzsteppengebietes im Seewinkel, berichten GUNHOLD u. PSCHORN-WALCHER (1956). Lediglich FRANZ u. BEIER (1948) haben im Rahmen ihrer Aufsammlungen im pannonischen Klimagebiet Österreichs [die Milbenausbeute wurde von WILLMANN (1951) speziell bearbeitet] einige Salzbodenproben am NO-Ufer des Neusiedler Sees auf Kleinarthropoden hin untersucht, dabei aber nur wenige Arten gefunden. Die in den eigentlichen Salzböden des Seewinkels lebenden Kleinarthropoden sind somit bisher unbearbeitet geblieben.

Im Rahmen eines vom Verein der Freunde der Österreichischen Akademie der Wissenschaften subventionierten Forschungsprogrammes zur biologischen Untersuchung des Neusiedler Seegebietes übernahm der Autor auf Anregung von Herrn Professor Dr. W. KÜHNELT (Wien) die Bearbeitung der eigentlichen Bodenkleinarthropoden unter besonderer Berücksichtigung der Oribatei. Eine vorläufige Zwischenbilanz der zoologischen Arbeitsgruppe wurde von KÜHNELT (1955) gegeben.

Ich möchte an dieser Stelle sowohl dem Verein der Freunde der Akademie für die gewährte Subvention als auch Herrn Prof. KÜHNELT, der die Untersuchungen wohlwollend förderte und die Unterstützung seitens des Vereines vermittelte, ergebenst danken.

II. Problemstellung und Methodik.

Die Bearbeitung nahm ihren Ausgang von der Frage, ob und in welchem Ausmaß Kleinarthropoden die versalzten Bodenbereiche besiedeln. Die Untersuchungen wurden unter ökologischen Gesichtspunkten durchgeführt. Sie konzentrierten sich auf die Oribatiden, jene Milbengruppe, die allgemein unter den Kleinarthropoden des Bodens nicht nur äußerst reich an Individuen und

Arten ist, sondern auch am biologischen Bodengeschehen regen
Anteil hat. Die übrigen Kleinarthropoden wurden nach Möglichkeit
mitberücksichtigt, konnten aber nur in beschränktem Ausmaß
artmäßig aufgearbeitet werden. Zusätzlich wurde in besonderen
Fällen auch auf Arten der Makrofauna geachtet. Das gesamte
determinierte Material ist im Anschluß an den ökologischen Teil
listenmäßig zusammengefaßt.

Für die vorliegende Arbeit wurden insgesamt 126 Bodenproben und
20 Ergänzungsproben (Wasserpflanzen, Baumrinde u. ä.) aus dem Seewinkel verwertet. Die Probenentnahmen erfolgten in den Jahren 1955
(Monat V, VI, VII, IX), 1956 (V, VI, IX, X) und 1958 (IV) u. a. während
eines mehrwöchigen Aufenthaltes an der Biologischen Station in Neusiedl
am See. Die Probengröße betrug in den meisten Fällen 416 cm^3 (104 cm^2
Oberfläche, 4 cm tief). Alle quantitativen Angaben beziehen sich, soweit
nicht anders angegeben, auf diese Probemenge. Die quantitativen Entnahmen
erfolgten mittels Blechrahmen, wie sie von KUBIENA (1953) beschrieben
werden. Zur Tiergewinnung wurden die üblichen, modifizierten BERLESE-
Apparate verwendet. Dem so gewonnenen Tiermaterial war meist noch Sand beigemengt; nach Aufschwemmen mit konz. Kalziumchloridlösung (s. KÜHNELT
1950) wurden die Tiere abgetrennt und der sandige Rückstand unter dem
Binokular nochmals überprüft. Die Abundanz wurde in den meisten Proben
durch direktes Auszählen festgestellt.

III. Die untersuchten Bodenbereiche.

Die Böden des Seewinkels sind hinsichtlich ihres Versalzungs-
grades sehr verschieden. Es finden sich alle Übergänge vom salzfreien Trockenrasen bis zum vegetationslosen, extrem versalzten
Boden mit starken Salzausblühungen. Entsprechende Unterschiede
zeigen sich demgemäß auch in der Vegetation, die WENDELBERGER
(1951 u. 1954) im Rahmen seiner pflanzensoziologischen Untersuchungen behandelt. Er gelangt zu einer für Alkaliböden charakteristischen vielfältigen pflanzensoziologischen Gliederung infolge des
Wechsels von Standortverhältnissen auf kleinem Raum, kenntlich
am „.... mosaikartigem Durcheinanderwachsen der Gesellschaften
und Assoziationskomplexe auf Solonetzboden..." und an der
„.... gürtelförmigen Zonierung der Gesellschaften um die Sodalachen der Solontschakgebiete..." (1951, S. 160). Im Hinblick auf
den von WENDELBERGER herausgearbeiteten Zeigerwert des
Bewuchses hinsichtlich Salzgehalt, Bodenfeuchtigkeit usw. wurden
für die eigenen Untersuchungen einige für das Gebiet charakteristische Böden (Bewuchsflächen) von verschiedenem Versalzungsgrad ausgewählt. Außerdem bedingt der verschiedene Bewuchs
Unterschiede, insbesondere in der Bodenfeuchtigkeit und im

Humusgehalt, wodurch sich für die bodenbewohnenden Kleinarthropoden gleichermaßen Änderungen der Lebensbedingungen ergeben. Die untersuchten Böden lassen sich hinsichtlich Salzgehalt und Faktorenwirksamkeit in eine Reihe einstufen:

Bezeichnung im vorliegenden Text:	Kurze Charakteristik:
1. Sodafleck .... ("Zickfläche")	Vegetationslose, z. T. am Rand mit *Sueda maritima* bewachsene, extrem versalzte Böden.
2. *Lepidium*-Zone	Reinbestände von *Lepidium cartilagineum*, sehr stark versalzt.
3. *Artemisia*-Steppe .... (= Salzsteppe s.´str.)	Geschlossener, mäßig bis schwach versalzter Steppenrasen mit *Festuca pseudovina*, als Charakterpflanze *Artemisia maritima* mehr oder weniger stark eingestreut.
4. Glykischer Trockenrasen	Geschlossener, salzfreier Trockenrasen.
5. Wäldchen	Kleine, lichte Trockenwäldchen; die einzigen geschlossenen Baumbestände im Seewinkel; salzfrei.

Außer diesen 5 Bodenbereichen, auf die sich die Untersuchungen konzentrierten, wurden noch die Salzlachenufer in die Bearbeitung einbezogen. Zusätzlich wurden noch Proben aus den Salzlachen und dem See selbst, aus langfristig feucht-nassen Rasenstellen, sowie aus Trockenrasen des Wäldchenrandes untersucht.

Die Lage der Untersuchungsstellen ist in Abb. 1 dargestellt. Die Planskizze umfaßt einen großen Teil des Seewinkels, wobei nur die für die Orientierung wichtigen Lachen eingezeichnet sind. Die Ausdehnung des jeweiligen Untersuchungsbereichs an den punktförmig markierten Stellen schwankt zwischen 20 und 100 m. Meist konnten innerhalb eines Untersuchungsbereiches verschiedene Böden untersucht werden.

Den Herrn Doz. Dr. G. WENDELBERGER und Dr. HÜBEL, Wien, bin ich für botanische Bestimmungshilfe zu Dank verpflichtet.

Hinsichtlich der jeweiligen Bodencharakterisierung folge ich im wesentlichen den ausführlichen Angaben von WENDELBERGER (1951).

1. Die Sodaflecken.

Bewuchs: Vegetationslos, in der Randzone meist *Sueda maritima*, die am weitesten in den extremen Bodenbereich vorzudringen vermag.

Versalzungsgrad: Extrem hoch; in den Sommermonaten mit starken, krustenartigen Salzausblühungen; p_H bis 11 ansteigend, Gesamtsalz 2,2% bez. auf Trockengewicht, Sodagehalt 1,2%.

Boden: Typischer Sodasolontschak, feinsandig-tonig.

Feuchtigkeit: Jahreszeitlich stark wechselnd; im Frühjahr durchwegs überschwemmt, in den Sommermonaten vollkommen austrocknend, wobei allerdings eine geringfügige Bodenfeuchtigkeit zurückbleibt.

Untersuchungsstellen: A, F, G, L.

Man könnte annehmen, daß in derartig extremen Böden eine reguläre Bodenfauna nicht vorhanden ist. Überraschenderweise ergab sich ein gegenteiliges Resultat. Auch in diesen Böden sind

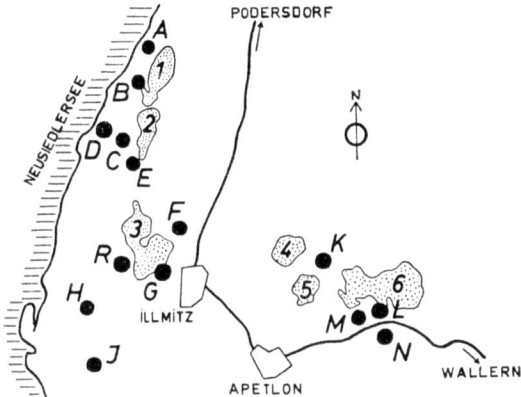

Abb. 1. Untersuchungsstellen (A—R) im Seewinkel. 1—6 = Sodalachen (1 = Oberer Stinker, 2 = Unterer Stinker, 3 = Illmitzer Zicksee, 4 = Drascholacke, 5 = Xixsee, 6 = Lange Lacke)

noch Kleinarthropoden nachweisbar, wenn auch in sehr unregelmäßiger Verteilung und geringer Anzahl. Collembolen treten selten auf. Die Milbenfauna setzt sich aus einigen Gamasinen und Trombidiformes zusammen, Oribatei fehlen gänzlich. Die Individuenzahl der einzelnen Arten ist sehr niedrig; manche Proben, insbesondere solche aus dem Zentrum ausgedehnter Sodaflecken, erwiesen sich sogar als tierleer. Dies erschwert die Angabe von Durchschnittswerten hinsichtlich der Besatzdichte. Um dennoch einen ungefähren quantitativen Einblick zu geben, seien folgende Durchschnittszahlen einer ,,individuenreichen" Probe genannt: Ungefähr 10 Milben, 3 Dipterenlarven und 2 Kleinkäfer (*Bledius*) bzw. deren Larven. Es handelt sich also um äußerst tierarme Böden.

Unter den gefundenen Kleinarthropoden fällt eine Milbenart aus der Gruppe der *Endeostigmata* infolge ihrer relativ hohen Individuenzahl auf. Es handelt sich um eine *Speleorchestes*-Art, die mit keiner der bisher bekannten Arten übereinstimmt; eine genauere systematische Stellungnahme soll anderwärts erfolgen. Sie wurde in mehreren Proben, in 1 bis 4 Exemplaren je Probe, gefunden. Auffallend ist, daß diese Spezies nur noch im *Sueda maritima*-Bereich und in der Lepidiumzone sowie in der unmittelbaren Uferzone der Sodalachen gefunden wurde. Dieses auf versalzte, teils sogar hochversalzte Böden beschränkte Vorkommen legt die Vermutung einer halobionten oder halophilen Lebensweise nahe. Ohne weitere Funde in anderen Salzboden-Gebieten kann darüber noch keine Entscheidung gefällt werden; eine ausgeprägte Salztoleranz steht jedoch außer Zweifel. Eine weitere Eigenschaft dieser Spezies scheint ihre Vorliebe für Bodenfeuchtigkeit zu sein, da sie in ausgesprochenen Trockenböden nicht gefunden wurde. Alle Fundstellen waren feucht, entweder geringfügig (Sodafleck, manche Stellen in der Lepidiumzone) oder mittelmäßig bis stark (Lachenufer); selbst nasse Grünalgenüberzüge der Uferzone werden besiedelt.

Kleinkäfer und Fliegenlarven (u. a. von Stratiomyiden) fanden sich in etwa $60^0/_0$ aller Proben. Ihre Abundanz ist gering. Die gefundenen Käfer gehören ausnahmslos der Gattung *Bledius* (*B. unicornis* und *B. tricornis*) an. Auch ihre Larven wurden gefunden, was ein Hinweis dafür ist, daß hier ihre Entwicklung abläuft. Die höchste Abundanz erreichen sie allerdings in der Uferregion der Salzlachen.

Die Sodaflecken sind durch Nahrungsmangel charakterisiert. Unter den Bodenkleinarthropoden dominieren vagile, räuberische Formen — relativ schnell laufende Gamasinen und Trombidiformes oder sprungfähige Arten (*Speleorchestes*). Die stellenweise große Ausdehnung der Sodaflächen einerseits und die immer wieder angetroffenen Jugendstadien der Kleinarthropoden sprechen dafür, daß ihr gesamter Lebensablauf in diesen Extremböden erfolgt.

Im Zuge der sommerlichen Austrocknung kommt es zu den charakteristischen Salzausblühungen, die meist in Form von dicken Krusten die Bodenoberfläche bedecken. Der darunter befindliche Boden bleibt auch während der Trockenzeit noch mäßig feucht und bietet so etwas günstigere Lebensbedingungen als die oberflächliche Salzkruste. Diese kann vorsichtig vom Boden abgelöst und somit getrennt untersucht werden. Derartige Vergleichsproben ergaben, daß Bodenkleinarthropoden in die Salzkrusten vordringen können, u. a. auch *Speleorchestes*. Die Besatzdichte ist allerdings geringer als im Boden darunter. Im Boden selbst besiedeln die Kleinarthropoden nur die oberste Schichte von maximal $1-1^1/_2$ cm Tiefe.

Am Rand der Sodaflecken befindet sich meistens eine mit *Sueda maritima* bewachsene Zone. Obwohl der Deckungsgrad sehr niedrig ist, zeigt sich im Deckungsbereich größerer Pflanzen bereits eine sehr geringe, aber immerhin merkbare Konzentration von Bodentieren. Die Abundanz ist hier etwas höher; stellenweise kommt es sogar zu kleineren Massenauftreten einzelner Arten, z.B. eine Probe mit etwa 50 Individuen einer Collembolenart (*Proisotoma crassicauda*). Ansonsten ist der Besiedlungscharakter gleich wie im vegetationslosen Sodafleck.

Zusammenfassend kann folgendes festgehalten werden: Auch die extremen Sodaböden sind noch von eigentlichen Bodenkleinarthropoden besiedelt; Oribatiden fehlen. Die Besatzdichte ist allerdings sehr gering und unregelmäßig.

2. Die *Lepidium*-Zone.

Bewuchs: Vorzugsweise wurden Böden mit einem Reinbewuchs von *Lepidium cartilagineum* untersucht; der Deckungsgrad ist gering, durchschnittlich 20–40%.

Versalzungsgrad: Etwas geringer als im *Sueda maritima*-Bereich, aber noch sehr hoch; in den Trockenmonaten mit Salzausblühungen; p_H bis 10,2, Gesamtsalz 1,2–1,7%, Sodagehalt 0,2–0,3%.

Boden: Sodasolontschak; feinsandig-kleinschotterig, nur sehr geringer Humusgehalt (Spuren).

Feuchtigkeit: Trocken, teils in den Sommermonaten noch geringe Bodenfeuchtigkeit (nach Regen lange Zeit die Feuchtigkeit haltend).

Untersuchungsstellen: A, D, E, F, G, K, R, L.

Die *Lepidium*-Fazies erstreckt sich stellenweise über weite Flächen und ist eine der für den Seewinkel charakteristischen Vegetationsformen. Obwohl es sich um einen sehr stark versalzten Boden handelt, werden die extremen Bedingungen der Sodaflecke nicht mehr erreicht, was sich in einer dichteren tierischen Besiedlung des Bodens ausdrückt. Milben und Collembolen sind hier bereits ein integrierender Bestandteil der Bodenarthropodenfauna, die sich weiterhin aus Insekten und deren Larven sowie kleinen Spinnen zusammensetzt (s. Tab. 1)[2]. Unter den Käfern findet man vorwiegend Imagines und Larven von *Bledius unicornis* und *tricornis* sowie deren speziellen Räuber *Dyschirius* sp. Die vereinzelt auftretenden Spinnen gehören der Fam. Micryphantidae an. Die in

[2] Für alle in der vorliegenden Arbeit vorhandenen Übersichtstabellen wurden nur quantitativ vergleichbare Proben verwertet. Nicht aufgenommen wurden ferner Proben, die nur einen bestimmten Teil des Bodens umfassen (z. B. Schichtproben).

Tab. 1. Besiedlung der *Lepidium*-Zone. Die Zahlen entsprechen folgenden Abundanzklassen: 1 = 1—3 Tiere; 2 = 4—10; 3 = 11—25; 4 = 26—50; 5 = 51—100; 6 = 101—200.

Proben:

	A7	A8	A11	A12	A10	A9	D1	D2	E3	F8	G26	G27	K1	R1	R2	L19
Acari { Oribatei	—	3	5	—	1	—	1	1	1	—	—	—	3	1	—	—
Mesostigmata	2	2	1	2	1	—	3	3	5	2	2	1	1	3	2	1
Trombidiformes	2	—	2	4	2	—	2	1	2	—	3	1	1	3	—	4
Collembola	1	—	4	—	5	—	6	3	—	4	—	—	1	3	3	1
Coleoptera	1	2	—	—	2	2	3	3	2	1	1	—	2	2	2	1
Diptera (Larven)	1	3	3	—	3	—	2	2	—	—	—	3	1	2	2	2
Rhynchota	—	1	4	—	4	4	3	4	3	—	—	5	1	—	—	—
Araneae	—	—	1	—	—	—	—	1	—	—	—	—	—	—	—	—

der Tabelle für Dipteren angegebenen Häufigkeitswerte beziehen sich ausschließlich auf Larvenformen (größtenteils dolichopodidenähnliche, vereinzelt Stratiomyiden). Die stellenweise hohe Individuendichte von *Rhynchoten* rührt von lokalen Massenansammlungen (div. Jugendstadien und Aphiden) im Oberflächenbereich des Bodens her. Die an den Sodaflecken nur selten auftretenden Collembolen sind in der Lepidiumzone bereits ein wesentlicher Bestandteil der Bodenfauna, wenngleich es zu starken Abundanzschwankungen kommt, wie aus Tabelle 1 ersichtlich ist.

Die Milbenfauna ist dadurch charakterisiert, daß Oribatiden, wenn auch noch nicht als regelmäßige Bewohner auftreten. Sie sind im allgemeinen verhältnismäßig selten und sehr ungleichmäßig verteilt. Unter den Mesostigmata dominieren verschiedene Gamasinen, von denen häufig Jugendstadien gefunden wurden. Larven- und Nymphenstadien machen auch bei den durch mehrere Arten vertretenen Trombidiformes einen beträchtlichen Prozentsatz aus. In einigen Proben kommt die bereits erwähnte *Speleorchestes*-Art vor.

Nur 3 Oribatidenarten sind anscheinend imstande, in diesen stark versalzten Bodenbereich vorzudringen: *Trichoribates incisellus*, *Scutovertex pannonicus* und *Tectocepheus velatus*. Ihre Abundanz ist außerordentlich gering, wie aus der folgenden Zusammenstellung (Auszug aus Tab. 1) hervorgeht; die angegebenen Werte sind absolute Individuenzahlen:

	A 8	A 11	A 10	D 1	D 2	E 3	K 1	R 1
Trichoribates incisellus	—	9	2	2	1	—	1	1
Scutovertex pannonicus	8	65	—	—	—	—	12	—
Tectocepheus velatus	6	—	—	—	—	2	—	—

In Probe A 11 hat *Scutovertex pannonicus* ein ungeklärtes Massenvorkommen; von den 65 Tieren waren 25 Larven- und Nymphenstadien. Einige Nymphen fanden sich auch in Probe K 1. Von den beiden anderen Arten wurden ebenfalls einige Nymphen gefunden, was als Hinweis auf ihr autochthones Vorkommen gelten kann. Das gleiche gilt für die übrige Milbenfauna.

Der vorhergegangenen Besprechung liegen nur solche Proben zugrunde, die aus dem zentralen Bereich einer *Lepidium*-Rosette entnommen wurden oder jedenfalls 1 bis mehrere kleine *Lepidium*-Pflänzchen erfaßten; Proben aus dem Deckungsbereich einer größeren Pflanze erwiesen sich im Durchschnitt als etwas reicher besiedelt. Infolge des geringen Deckungsgrades erstrecken sich zwischen den einzelnen *Lepidium*-Pflanzen oder -Horsten größere vegetationslose Salzbodenflächen. Vergleichsproben aus diesen nackten Sodaböden ergaben eine äußerst schüttere Besiedlung durch Bodenkleinarthropoden, die stark zufälligen Charakter trägt und an jene der Sodaflecke erinnert. Oribatiden dringen in diese Bereiche normalerweise nicht vor. Das in einer solchen Probe gefundene Einzelexemplar von *Scutovertex pannonicus* dürfte wohl als Irrgast anzusprechen sein. Im Boden der Lepidium-Zone kommt es also zu einer Konzentration der Bodenfauna im Deckungsbereich der Lepidiumpflanzen, vor allem im zentralen Bereich größerer Rosetten. Das Bodenleben beschränkt sich auch hier auf die obersten Schichten (0—2 cm).

3. Die *Artemisia*-Steppe.

Bewuchs: Geschlossener Salzsteppenrasen mit *Festuca pseudovina*; als charakteristische Salzpflanze ist *Artemisia maritima* mehr oder weniger stark eingestreut, stellenweise sogar dominierend.

Versalzungsgrad: In den oberflächlichen Schichten mäßig bis schwach versalzt, in tieferen meist eine Salzanreicherung.

Boden: Gefestigter Rasen, oberflächliche Bodenschichten humossandig, nach unten zu rasch abnehmender Humusgehalt; stellenweise mit charakteristischem Solonetzprofil.

Feuchtigkeit: Äußerst trockener Boden.

Untersuchungsstellen: A, F, G, L, M, N.

Der größte Teil der nicht kultivierten Böden des Seewinkels ist von sehr trockenen Rasenflächen bedeckt. Neben den Sodaflecken und Salzlachen gibt dieser Bewuchstypus dem Seewinkel sein charakteristisches Landschaftsgepräge. Pflanzensoziologisch gesehen sind die Trockenrasen (Steppen) des Seewinkels keine Einheit, sondern vielfältig, oft auf kleinstem Raum differenziert. Ausgedehnte Flächen sind dominierend von *Festuca pseudovina* bewachsen. Für die vorliegenden bodenzoologischen Untersuchungen wurden zwei charakteristische Rasenbereiche ausgewählt: 1. Jener mäßig bis schwach versalzte *Festuca-pseudovina*-Rasen, der als Charakterpflanze mehr oder weniger viel *Artemisia maritima*, stellenweise sogar dominierend eingestreut hat — im folgenden als *Artemisia*-Steppe oder Salzsteppe bezeichnet. 2. Der glykische, d. h. salzfreie Trockenrasen, der im nächsten Kapitel näher besprochen werden soll. Der Salzsteppenbereich findet sich vorwiegend in der Randzone der Trockenrasen, grenzt also an die stärker versalzten Böden mit offener Halophytenflur, zu denen er mit einer deutlichen, mehrere Zentimeter hohen Abbruchkante abfällt. Stellenweise zeigt der Boden ein typisches Solonetz-Profil, das durch eine deutliche Schichtung hinsichtlich Bodenbeschaffenheit, Versalzungsgrad und

Feuchtigkeitsgehalt gekennzeichnet ist. Als Beispiel seien einige Daten vom Solonetzbereich an der Langen Lacke mitgeteilt (aus WENDELBERGER 1951, 156):

	p_H	Soda %	H_2O %
0—2 cm = trockener, dunkler, etwas humoser Feinsand	um 7,0	0,15	4,9
2—6 cm = heller, schwach geblichgrauer Feinsand	um 7,3	0,15	5,9
über 6 cm = harter, kompakter, schwarzer Boden	11,2	0,4	3,8

Infolge der im Vergleich zum *Lepidium*-Boden wesentlich gemäßigteren Bedingungen — zumindest in den oberen Schichten — tritt uns bereits eine relativ arten- und individuenreiche Kleinarthropodenfauna entgegen; die Besatzdichte ist durchschnittlich 2 bis 3mal so hoch. Die Besiedlung konzentriert sich nicht mehr auf einzelne Stellen, sondern ist schon ausgeglichen, was seinen Grund in dem hohen Deckungsgrad (bis 100%) des Rasens haben dürfte. Faunistisch wäre hervorzuheben, daß Collembolen konstant, stellenweise sogar in sehr großer Anzahl diese Salzböden besiedeln. Von den Elementen der Makrofauna finden sich besonders Ameisen in vielen Proben. Sie werden durch drei Arten repräsentiert: *Solenopsis fugax*, *Tetramorium caespitum* und *Lasius alienus*. Zwar traten Ameisen in keiner der Proben aus den Sodaflecken oder der *Lepidium*-Zone auf, doch konnten Tiere von *T. caespitum* und *L. alienus* auch auf jenen Böden beobachtet werden; Nester wurden dort allerdings keine festgestellt.

Die Oribatiden sind hier bereits ein integrierender Bestandteil der Kleinarthropodenfauna. Sie erfahren einen sprunghaften Anstieg hinsichtlich der Art- und Individuendichte. Insgesamt wurden 20 Arten gefunden, die größtenteils allerdings nur sporadisch in wenigen Proben auftreten (s. Tab. 2). Lediglich vier Arten haben eine genügend hohe Frequenz von über 50%, die sie als regelmäßige, konstante Bewohner kennzeichnet: *Tectocepheus velatus*, *Peloptulus phaenotus*, *Scutovertex sculptus* und *Trichoribates incisellus*. Die drei letztgenannten wurden aus Gründen der biozönotischen Gliederung zur Artengruppe a zusammengefaßt, worauf in einem späteren Abschnitt näher eingegangen werden soll. Die Besatzdichte der Oribatiden ist durchschnittlich gleich hoch wie die der übrigen Milben zusammen oder liegt nur wenig darunter. Die Angabe von Durchschnittswerten stößt aber auch im Salzsteppenrasen noch auf gewisse Schwierigkeiten, da größere Schwankungen in der Besatzdichte vorkommen (vgl. Tab. 2).

Die ablesbaren Unregelmäßigkeiten in der qualitativen und quantitativen Faunenzusammensetzung sind vermutlich auf die auf

Tab. 2. Verteilung der Oribatei in der *Artemisia*-Salzsteppe. Die Abundanz in absoluten Individuenzahlen ausgedrückt (auch in Tabelle 3 u. 4).

	F6	F5	F4	F3	F2	F1	G1	G2	G3	A1	A2	N1	N2	N3	N4	N5	M10	M11	M1	M2	M3	M4	L26
1. *Tectocepheus velatus*	14	8	73	18	26	95	8	27	—	16	8	16	2	—	—	'75	9	12	28	23	19	2	65
2. *Peloptulus phaenotus*	36	24	28	25	86	18	—	4	5	9	—	5	—	—	—	15	7	8	15	9	8	17	5
3. *Scutovertex sculptus*	9	2	4	2	4	5	4	5	5	6	—	—	—	—	—	—	6	4	6	—	6	4	8
4. *Trichoribates incisellus*	23	8	17	2	38	9	8	1	—	8	—	1	5	2	12	—	—	—	—	—	1	—	1
5. *Pelops subexutus*	1	2	2	1	4	—	—	—	—	—	—	—	—	1	9	12	—	—	1	2	—	—	—
6. *Zygoribatula exarata*	—	—	—	—	—	—	—	—	—	—	18	1	—	—	—	1	2	1	7	—	11	7	—
7. *Scutovertex pannonicus*	—	—	—	—	—	—	—	—	—	2	—	—	2	—	2	1	3	1	—	—	—	—	—
8. *Brachychthonius bimaculatus*	12	2	5	—	10	1	—	—	—	—	—	—	—	—	—	—	—	—	—	—	—	—	—
9. *Zygoribatula cognata*	—	—	—	—	—	—	—	—	2	—	—	—	—	—	—	—	—	—	3	—	—	—	—
10. *Anachipteria ornata*	—	—	1	—	—	15	—	—	—	—	4	—	—	—	—	—	—	—	—	—	—	1	—
11. *Trhypochthonius tectorum*	—	—	—	—	12	—	—	—	—	—	—	—	—	—	—	—	—	—	—	—	—	—	—
12. *Oppia* cf. *assimilis*	—	3	—	—	—	15	—	—	—	—	—	—	—	—	—	—	—	—	—	—	1	—	8
13. *Oppia minus*	—	—	—	—	—	1	—	—	1	—	—	—	—	—	—	—	—	—	—	—	—	—	—
14. *Punctoribates hexagonus*	—	—	—	—	—	—	—	—	—	—	—	—	—	—	—	—	—	—	—	—	—	—	—

15—20: *Brachychthonius semiornatus* (Probe N 5/20 Individuen), *Protoribates capucinus* (M 11/3), *Passalozetes intermedius* (N 1/2), *Scheloribates laevigatus* (N 4/2), *Neoliodes ionicus* (M 1/2), *Pergalumna* sp. B (M 11/1).

kleinstem Raum stattfindenden Schwankungen im Bodenchemismus (WENDELBERGER 1951) und den damit wahrscheinlich auch lokal veränderten Lebensbedingungen für die Bodenfauna zurückzuführen. Die Artemisia-Salzsteppe in ihrer typischen Ausprägung wird in Tabelle 2 durch die M-Proben repräsentiert.

Wie bereits dargelegt wurde, ist das Bodenleben (Kleinarthropoden) in den extremen Salzböden auf die Oberflächenschichte beschränkt. In den Salzsteppenböden reicht die Besiedlung etwas tiefer hinab, was auf die günstigere Bodenbeschaffenheit zurückzuführen ist. Der humos-sandige A-Horizont des Bodens erstreckt sich durchschnittlich bis in eine Tiefe von 3 bis 6 cm und ist der von den Kleinarthropoden bewohnte Bereich. Der darunterliegende Feinsand ist nur mehr vereinzelt und unregelmäßig besiedelt. Beim typischen Solonetzboden folgt darunter die „Säulchenschichte" (s. KUBIENA 1953), in der es zu einer starken Salzanreicherung und Verdichtung des Bodens kommt. Im Untersuchungsbereich M, nahe der Langen Lacke, konnte ein solcher Säulchenhorizont bodenzoologisch untersucht werden. Die aus extrem trockenem, unerhört hartem und kompaktem Boden bestehenden Säulchen erwiesen sich als tierleer. Hingegen können die zwischen den einzelnen Säulchen freibleibenden Spalten von den darüberliegenden Bodenschichten her besiedelt werden, was aber nur selten der Fall zu sein scheint.

4. Der glykische Trockenrasen.

Bewuchs: Halophytenfreier Trockenrasen (= glykischer Rasenbereich nach WENDELBERGER 1951).
Versalzungsgrad: Salzfrei, d. h. normalsalzig.
Boden: Gefestigter Rasenboden, obere Bodenschichte humos-sandig, sandiger Untergrund.
Feuchtigkeit: Trockener Boden.
Untersuchungsstellen: B, E, G, K, L, M.

Der glykische Trockenrasen erweist sich etwas dichter von Kleinarthropoden besiedelt als der besprochene Salzsteppenbereich. Infolge der tiefer reichenden humos-feinsandigen Schichte dringt die Kleinarthropodenfauna auch etwas tiefer vor. Am dichtesten besiedelt sind die obersten 4—5 cm des Bodens, jener Bereich, der ziemlich humos ist. In größerer Tiefe nimmt der Humusgehalt rasch ab und es bleibt reiner Feinsand übrig. Bis in diesen Bereich dringen Kleinarthopoden vor, allerdings nur unregelmäßig und in wenigen oder vereinzelten Exemplaren. Collembolen wurden in diesen tieferen Schichten nicht mehr gefunden, treten aber im humosen Bereich regelmäßig auf, wo es stellenweise zu Massenvorkommen einzelner Arten kommt. Von der Makrofauna möchte ich erwähnen, daß die drei im Salzsteppenboden gefundenen Ameisenarten auch hier nicht selten sind.

Die gruppenmäßige Zusammensetzung der Milbenfauna ist ähnlich der in den Böden der *Artemisia*-Steppen. Die Oribatiden bilden durchschnittlich 50—60% der Milbenfauna. Ihre Artenanzahl ist von 20 auf 29 gestiegen. Auch die Individuendichte liegt etwas höher als in den Salzsteppenböden und die Besiedlung ist regelmäßiger (Tabelle 3). *Tectocepheus velatus* und die Artengruppe α sind auch hier charakteristische Bewohner. Die neu hinzugekommene Artengruppe β umfaßt jene Arten, die dem Salzsteppenboden fehlen oder höchstens vereinzelt auftreten, hingegen im glykischen Trockenrasen häufig sind oder zumindest eine Frequenz von über 20% aufweisen. Neu hinzukommende Arten mit geringerer Frequenz wurden nicht in diese Artengruppe einbezogen.

Unter der Bezeichnung „Übergang" sind in Tabelle 3 einige Proben zusammengefaßt, die aus *Festuca-pseudovina*-Rasen ohne *Artemisia maritima* entnommen wurden. So ordnen sich diese Steppenrasen hinsichtlich ihres Bodencharakters zwischen *Artemisia*-Steppe und glykischem Trockenrasen ein. Die Zusammensetzung der Oribatidenfauna weist sichtlich mehr Ähnlichkeit mit jener des *Artemisia*-Bereiches auf.

Am reichsten besiedelt erwies sich der glykische Trockenrasen in seiner charakteristischen Ausprägung im Untersuchungsbereich M. Eng verzahnt grenzen hier typische *Artemisia*-Steppe und glykischer Trockenrasen unmittelbar aneinander, und so konnten auf engstem Raum, innerhalb eines Kreises mit etwa 12 m Radius, interessante Vergleichsproben entnommen werden. Die Besiedlung des glykischen Trockenrasens durch die Artengruppe β ist ein regelmäßiger Unterschied zwischen beiden Böden. Dieser faunistische Unterschied gewinnt noch in einem anderen Zusammenhang Interesse. WENDELBERGER vermutet nämlich auf Grund seiner pflanzensoziologischen Untersuchungen an dieser Stelle (unveröff., mündl. Mittlg.), daß der glykische Bereich ein sekundärer Trockenrasen ist, der einst den Charakter einer Waldsteppe trug. Den *Artemisia*-Salzsteppenrasen sieht er als Rest der Primärsteppe an. Einige Arten der Gruppe β kommen auch in den Trockenwäldchen vor (s. Tab. 4). Aus diesem Befund kann jedoch keine wesentliche Schlußfolgerung hinsichtlich der historischen Vegetationsverhältnisse gezogen werden, da die untersuchten Wäldchen kein Rest der ehemaligen Waldsteppe sind, sondern erst vor einigen Jahrzehnten angepflanzt wurden.

Tab. 3. Verteilung der Oribatei im glykischen Trockenrasen.
Übergang=Festuca pseudovina-Steppenrasen (siehe Text).

	Übergang										Glykischer Bereich												
	L1	L2	L3	L4	G4	R5	R3	R4	K2	G28	L25	L23	L24	L22	M13	M12	M9	M8	M7	M6	B3	B4	E2
1. *Tectocepheus velatus*	3	4	5	12	27	25	35	4	2	40	6	38	7	2	4	15	—	2	1	3	28	62	83
2. *Peloptulus phaenotus*	11	3	4	16	25	5	7	12	1	8	10	15	9	13	11	18	5	2	9	6	4	—	2
3. *Scutovertex sculptus*	5	3	—	5	6	6	1	—	—	1	—	7	11	—	—	—	—	1	2	—	37	45	—
4. *Trichoribates incisellus*	1	1	1	—	7	1	—	2	4	—	—	—	1	7	—	—	—	—	—	—	16	2	1
5. *Zygoribatula cognata*	4	—	68	9	—	20	—	—	—	—	11	15	2	2	—	2	—	—	—	—	5	—	—
6. *Zyg. exarata*	4	—	—	—	—	—	—	—	—	7	—	—	2	—	2	1	—	—	—	1	—	—	—
7. *Oppia minus*	—	—	—	—	—	—	—	—	—	—	—	22	—	—	20	5	—	—	4	—	—	—	1
8. *Pergalumna* sp. B	—	1	2	—	—	—	—	—	7	—	3	1	—	—	1	4	2	1	—	3	3	—	4
9. *Anachipteria ornata*	—	—	—	—	3	—	—	—	5	1	—	—	2	—	4	28	20	1	10	4	3	—	1
10. *Scheloribates laevigatus*	—	—	—	—	—	—	—	—	16	—	—	—	—	—	3	2	1	15	11	3	—	—	—
11. *Epilohmannia cylindrica*	—	—	—	—	—	—	—	—	12	—	—	1	—	1	—	—	1	4	9	8	1	—	—
12. *Pseudotritia ardua*	—	—	—	—	—	—	—	—	—	—	2	—	—	—	5	—	—	10	—	—	—	—	—
13. *Protoribates capucinus*	—	—	—	—	—	—	—	—	—	—	3	—	10	—	3	20	5	1	—	15	—	—	—
14. *Prot. pannonicus*	—	—	—	—	—	—	—	—	—	—	—	—	—	—	12	—	2	—	1	5	—	—	—
15. *Sphaerobates gratus*	—	—	1	—	—	—	—	—	—	—	—	—	—	—	—	—	—	—	—	2	—	—	3
16. *Brachychthonius berlesei*	—	—	—	—	—	—	—	—	—	—	—	—	—	—	—	—	—	—	—	—	20	41	—
17. *Br. semiornatus*	—	—	—	—	—	—	—	—	—	—	5	5	—	15	—	—	—	—	—	2	—	—	—
18. *Pelops subcrutus*	—	—	—	—	—	—	—	1	—	—	—	—	—	—	—	—	—	—	1	—	—	—	3
19. *Passalozetes intermedius*	—	—	—	—	—	—	—	—	—	—	—	—	—	1	—	—	—	—	—	—	—	—	—

20—29: *Oppia* cf. *assimilis* (Probe E 2/56 Individuen), *Zygoribatula longiporosa* (G 4/27), *Oppia bicarinata* (M 13/15), *Brachychthonius jugatus suecica?* (M 6/12), *Brachychthonius ensifer* (G 28/8), *Allogalumna alliferi* (B 3/7), *Brachychthonius bimaculatus* (L 25/6), *Galumna obvius* (B 3/4), *Trhypochthonius tectorum* (B 3/1), *Scheloribates pallidulus* (L 3/1).

5. Die Wäldchen.

Bewuchs: Lichte Trockenwäldchen; vorwiegend aus Robinien und Pappeln bestehend; stellenweise Rasenunterwuchs.
Versalzungsgrad: Salzfrei.
Boden: Mit gut entwickelter Humusschichte (2—5 cm), sandiger Untergrund.
Feuchtigkeit: Merklich weniger trocken als der Trockenrasen, mit einer für lichte Trockenwäldchen entsprechenden Humusfeuchtigkeit.
Untersuchungsstellen: C, H, (J).

Diese Wäldchen sind keine Reste einer ursprünglichen Bewaldung, sondern wurden erst um die Jahrhundertwende künstlich angelegt. Untersucht wurden: Das Illmitzer Gemeindewäldchen (C), das sich mit einer Länge von mehreren hundert Metern als schmaler, geschlossener Baumbestand längs der Silberseelacke erstreckt — es ist das größte Wäldchen; das zweitgrößte, südwestlich von Illmitz gelegene Wäldchen (H), auf das sich die Untersuchungen konzentrierten; schließlich zu Vergleichszwecken eine kleine, ziemlich offene Baumgruppe (J) südlich von H, die nicht mehr als richtiges Wäldchen angesprochen werden kann. Außer den drei angeführten Untersuchungsstellen finden sich dazwischen noch einige kleine, unbedeutende Baumgruppen sowie vereinzelte Bäume im Kulturland (Alleebäume u. ä.). Die untersuchten Wäldchen repräsentieren somit die einzigen geschlossenen Baumbestände im Seewinkel. Überraschenderweise besitzen sie trotz ihres geringen Alters von rund fünf Jahrzehnten eine verhältnismäßig gut entwickelte Humusschichte, die nur zuunterst merklich mit Feinsand vermengt ist und dann unmittelbar in einen reinen Sanduntergrund übergeht.

Die Makrofauna erreicht im Wäldchen eine große Mannigfaltigkeit und läßt einen außerordentlich starken Anstieg der Besatzdichte erkennen. Wie die Untersuchungen ergaben, gilt dies auch für die Kleinarthropoden. Sie haben ebenfalls in den Wäldchenböden ihr Arten- und Dichtemaximum im Seewinkel.

Auch die Oribatidenfauna erreicht in den Böden der Wäldchen eine maximale Entfaltung, sowohl hinsichtlich der Artenzahl (39 sp.) als auch der Abundanz (vgl. Tab. 4). Während in den Salzsteppen und Trockenrasen nur wenige Arten als regelmäßige und häufige Bewohner angesehen werden können, ist der Wäldchenboden dadurch charakterisiert, daß er von zahlreichen Oribatiden artdicht und regelmäßig besiedelt wird. Den Grundstock bilden die für den Wäldchenboden charakteristischen, zur Artengruppe γ zusammengefaßten 23 Arten (= 59%). Die Gruppe umfaßt jene Arten, die in den untersuchten Salzsteppen- und Trockenrasenböden überhaupt nicht oder nur vereinzelt auftreten. Einige andere

Tab. 4. Verteilung der Oribatei in den Trockenwäldchen-Böden.

	H5	H3	H1	H2	H4	H9	C2	C3	C1	J2	
1. *Xenillus tegeocranus*	11	10	14	18	14	20	5	11	10	8	⎫
2. *Suctobelba sarekensis*	17	20	12	15	28	13	13	5	20	5	
3. *Brachychthonius ensifer*	6	8	9	12	20	5	15	17	10	25	
4. *Oppia nitens*	8	30	18	23	28	12	40	32	—	5	
5. *Allogalumna allifera*	12	10	3	10	3	—	7	21	8	10	
6. *Camisia biverrucata*	7	3	6	2	12	—	3	8	—	15	
7. *C. spinifer*	28	15	12	9	25	12	—	—	1	1	
8. *Galumna obvius*	—	2	4	—	4	3	2	—	5	1	
9. *Pergalumna nervosus*	90	105	64	85	96	28	8	15	5	—	
10. *Oppia quadricarinata*	26	23	25	20	26	9	5	18	35	—	
11. *O. corrugata*	26	20	24	22	38	17	12	29	43	—	
12. *Suctobelba intermedia*	25	19	35	18	12	12	17	22	16	—	⎬ γ
13. *Gymnodamaeus bicostatus*	18	24	10	3	14	17	4	13	55	—	
14. *Microzetorchestes emeryi*	1	6	—	25	36	15	6	8	40	—	
15. *Brachychthonius hungaricus*	2	12	11	5	20	10	14	12	—	—	
16. *Pelops nepotulus*	41	32	12	35	34	21	—	—	—	15	
17. *Liebstadia similis*	2	20	9	8	5	5	—	—	—	—	
18. *Damaeus verticillipes*	1	6	1	3	2	3	—	—	—	—	
19. *Suctobelba subcornigera*	—	12	9	—	18	—	12	28	—	—	
20. *Metabelba* sp. A	—	—	—	3	1	2	1	—	—	4	
21. *Damaeus* sp. A	—	2	1	3	1	1	—	—	—	—	
22. *Trichoribates trimaculatus*	—	—	—	—	5	—	—	—	4	2	
23. *Licneremaeus prodigiosus*	—	—	—	—	—	—	4	8	35	—	⎭
24. *Tectocepheus velatus*	17	40	24	16	30	12	8	21	53	20	
25. *Pseudotritia ardua*	1	24	4	5	8	8	1	12	10	—	
26. *Oppia minus*	6	11	13	14	21	15	35	44	44	—	
27. *Epilohmannia cylindrica*	10	—	6	—	—	12	—	5	3	—	
28. *Scheloribates laevigatus*	36	43	16	12	24	28	—	—	—	—	
29. *Oppia* cf. *assimilis*	14	55	20	26	32	17	—	—	—	—	
30. *Protoribates capucinus*	—	—	—	—	—	—	45	38	74	—	
31. *Zygoribatula cognata*	—	—	—	2	—	—	4	9	1	—	
32. *Brachychthonius berlesei*	—	—	—	—	12	—	—	—	—	25	
33. *Br. semiornatus*	—	—	—	—	—	—	18	24	—	—	

34—39: *Peloptulus phaenotus* (Probe C 1/22 Individuen), *Trhypochthonius tectorum* (C 1/6), *Oribatella calcarata* (J 2/3), *Scutovertex sculptus* (H 3/1), *Trichoribates incisellus* (C 1/1), *Cymberemaeus* sp. (H 5/1).

Spezies, die wohl mehrmals in den Rasenbereichen gefunden wurden, lassen ebenfalls im Wäldchenboden ein deutliches Optimum erkennen, z. B. *Oppia minus*, *O.* cf. *assimilis* und *Scheloribates laevigatus*. *Tectocepheus velatus*, eine weitgehend eurytope Art, zählt auch zu den regelmäßigen Bewohnern. Auffallend hingegen ist das fast völlige Zurücktreten der für die Rasenböden charakteristischen Artengruppe α. Von *Scutovertex sculptus* und *Trichoribates incisellus* fand sich überhaupt nur je ein Exemplar, *Peloptulus phaenotus* trat zwar mit 22 Individuen auf, blieb aber auf eine Probe beschränkt.

Die beiden Wäldchen H und C haben eine weitgehend übereinstimmende Zusammensetzung der Oribatidenfauna mit Ausnahme einiger Arten, die in ihrem Vorkommen eine charakteristische Beschränkung auf eines der beiden Wäldchen erkennen lassen; die Beschränkung gilt auch für jene Proben, die in die Tabelle nicht aufgenommen wurden. Es ist schwierig, das Fehlen einer Art an einer bestimmten Stelle sicher nachzuweisen, doch ist das regelmäßige und durchwegs dichte Vorkommen in einem Wäldchen und das völlige Fehlen im anderen doch sehr auffällig und scheint daher einer näheren Betrachtung wert. In der folgenden Zusammenstellung sind jene Arten, die überhaupt nur in den Wäldchen gefunden wurden, mit (!) bezeichnet.

Beschränkt auf C:	Beschränkt auf H:
Protoribates capucinus	*Pelops nepotulus* (!)
Licneremaeus prodigiosus (!)	*Scheloribates laevigatus*
Brachychthonius semiornatus	*Oppia* cf. *assimilis*
	Liebstadia similis (!)
	Damaeus verticillipes (!)
	Damaeus sp. A (!)

Es ist schwierig, diese faunistischen Unterschiede zu erklären, da sich die rund 4 km voneinander entfernten Wäldchen in Lage und Bewuchs weitgehend gleichen. Vielleicht mag es daran liegen, daß die Wäldchen keine natürlichen, sondern junge, künstlich angelegte Baumbestände sind. Es wäre denkbar, daß derartige Lokalvorkommen auf eine möglicherweise noch nicht abgeschlossene Stabilisierung der Fauna zurückzuführen sind. Auch bei anderen Kleinarthropoden konnte ich ähnliche beschränkte Vorkommen feststellen, so z. B. bei den Pseudoskorpionen. Insgesamt wurden drei Arten gefunden, von denen *Neobisium muscorum* und *Dactylochelifer latreillei* in C, H und J auftraten; der hiemit erstmals für Österreich nachgewiesene *Atemnus politus* scheint hingegen auf das Wäldchen C beschränkt zu sein.

Die Baumgruppe J ist kein geschlossenes Wäldchen im Sinne von C und H, sondern stellt eine Art Übergang von Trockenrasen zu den Wäldchen dar. Dies prägt sich auch in der Besiedlung aus. Eine typische Probe wurde zum Vergleich in Tabelle 4 eingereiht. Die Artenzusammensetzung trägt wohl Wäldchenbodencharakter, jedoch fehlen einige typische Arten. Die Besatzdichte ist außerdem verhältnismäßig gering. Rasenproben aus der Nähe der Waldränder ergaben durchwegs eine Mischfauna von Rasen- und Wäldchenelementen.

Untersuchungen über die Vertikalschichtung der Kleinarthropodenfauna ergaben folgendes: Erwartungsgemäß bewohnen die Kleinarthropoden vorwiegend die gut entwickelte Humusdecke und treten in der trockenen Förna weitgehend zurück. In dieser Oberflächenschichte traten von den Oribatiden insbesondere die *Camisia*-Arten, die *Galumna*-Arten und *Xenillus tegeocranus* in größerer Anzahl auf. Den unter der Humusdecke gelegenen Sandboden besiedeln Kleinarthropoden nur unregelmäßig. Meist sind es kleinere Massenansammlungen von Juvenilstadien verschiedener Gamasinen und Trombidiformes[3]. Oribatiden dringen in den sandigen Tiefenbereich nur unregelmäßig, vereinzelt oder in wenigen Exemplaren, vor; u. a. wurden gefunden: *Epilohmannia cylindrica*, *Scheloribates laevigatus* und *Oppia minus*, die in einer solchen Probe sogar eine Individuenkonzentration (76 Ex.) erkennen ließ.

Vergleichsweise wurden auch informative Proben vom Algen- und Flechtenbelag der Baumrinden in einer Höhe von 1,20 bis 2 m entnommen. Sie wiesen einen individuenreichen Kleinarthropodenbesatz auf. Hervorzuheben ist das Massenauftreten des Diplopoden *Polyxenus lagurus*, der im Boden nur vereinzelt gefunden wurde. Die Oribatidenfauna umfaßt mehrere Arten, die alle auch im Boden anzutreffen sind. Ihre Häufigkeit ist allerdings auf den Bäumen weitaus geringer als im Boden, mit einer Ausnahme: *Trichoribates trimaculatus*, der im Boden nur vereinzelt auftritt, erreicht in den Rindenüberzügen eine Dominanz von etwa 65% und wird damit zur vorherrschenden Art. Verschiedentlich wurde von anderen Autoren ähnliches über diese Art berichtet (z. B. PSCHORN-WALCHER u. GUNHOLD 1957); im norddeutschen Raum ist *Tr. trimaculatus* bezeichnenderweise eine Charakterart der *Zygoribatula-exilis*-Synusie, die für die Moos- und Flechtenüberzüge auf festem Substrat typisch ist (STRENZKE 1952).

[3] In Hinblick auf eine derzeit laufende Untersuchung über österreichische Trombiculiden durch Dr. O. KEPKA, Graz, wurde in allen Seewinkler Bodenproben auf das Vorkommen dieser Milben besonders geachtet. Es wurden weder Jugendstadien noch Adulti gefunden.

6. Die Lachenufer.

Auch um die großen Sodalachen, die normalerweise auch in den Trockenmonaten noch immer etwas Wasser führen, ist eine vom Salzgehalt abhängige, charakteristische gürtelförmige Vegetationszonierung vorhanden. Die Aufeinanderfolge der Zonen entspricht in den Grundzügen jener Reihung, wie sie bei den untersuchten Bodenbereichen vom Sodafleck zum Trockenrasen hin besprochen wurde. Aber nicht an jedem Lachenufer sind alle typischen Zonen entwickelt; zudem treten zusätzliche, aus wasserliebenden Halophyten gebildete Gürtel auf, so daß die Zonenfolge bei den verschiedenen Lachen entsprechend modifiziert sein kann (vgl. WENDELBERGER 1951). In den Sommermonaten trocknen die Lachen weitgehend aus, und der sinkende Wasserspiegel gibt infolge der äußerst flachen Uferneigung ausgedehnte Salzbodenflächen frei, auf denen stellenweise massenhaft *Sueda maritima* keimt.

Für die eigenen Untersuchungen über die Kleinarthropodenfauna wurden die voneinander etwas abweichenden Uferregionen zweier großer Sodalachen, des Illmitzer Zicksees (G) und der Langen Lacke (L), ausgewählt. Zum Vergleich wurden Uferproben vom Oberen (B) und Unteren (E) Stinker herangezogen. An den beiden erstgenannten Lachen wurden mehrere Uferprofile von der Wasserlinie zum geschlossenen Trockenrasen hin gelegt und die Proben aus den verschiedenen Zonen entnommen. Je eine charakteristische Profilaufnahme ist in Tabelle 5 und 6 festgehalten. Die beiden Profile wurden deshalb ausgewählt, da sie hinsichtlich der Ufergestaltung voneinander abweichen. Das Südufer des Illmitzer Zicksees steigt nur ganz flach und allmählich an. An der Langen Lacke geht der *Carex-distans-Festuca-pratensis*-Rasen mit einem steilen Anstieg in einen Trockenrasen über, der etwa 1,5 m über dem normalen Lachenniveau liegt.

Die Kleinarthropodenfauna verarmt erwartungsgemäß vom geschlossenen Rasen über die verschiedenen schmalen Uferzonen zum Lachenrand hin in gleicher Weise, wie es bereits in den vorigen Kapiteln, vom glykischen Trockenrasen zum Sodafleck hin besprochen wurde. Durch das ständige Vorhandensein von Wasser treten an den Lachenufern aber einige faunistische Besonderheiten auf, auf die nun näher eingegangen werden soll.

Wie die Tabellen 5 und 6 zeigen, ist die vegetationsarme bzw. vegetationslose Uferzone nur schütter von Kleinarthropoden besiedelt; stellenweise kann es aber zu größeren Ansammlungen kommen, z. B. in LP_2, Tab. 6. Als derartige Konzentrationsstellen von Kleinarthropoden erwiesen sich kleine, aus feinem Detritus

Tab. 5. Uferzonen-Profil am Illmitzer Zicksee (25. 5. 1955).

(Abundanzklassen s. Tab. 1)

Probe	Entfernung von der Wasserlinie (m)	Zonen	FAUNA							
			Oribatei	übr. Milben	Collembolen	Käfer + Larven	Fliegenlarven	Ameisen	Wanzen	Spinnen
GP$_1$	0	Wasserlinie mit Grünalgenfilz	2	—	—	—	2	—	—	—
GP$_2$	0,5	Feuchtzone, vegetationslos	1	1	—	2	3	—	—	—
GP$_3$	3,5	Keimlinge von *Sueda maritima*	—	2	2	—	1	—	—	—
GP$_4$	10	*Lepidium cartilagineum*	—	3	3	1	—	—	—	—
GP$_5$	18	„Insel" von Salzsteppenrasen	2	3	5	—	—	1	1	1
GP$_6$	22	Geschlossener Salzsteppenrasen	4	4	5	—	1	1	—	1

Tab. 6. Uferzonen-Profil an der Langen Lacke (12. 6. 1955)

(Abundanzklassen s. Tab. 1)

Probe	Entfernung von der Wasserlinie (m)	Zonen	FAUNA							
			Oribatei	übr. Milben	Collembolen	Käfer + Larven	Fliegenlarven	Ameisen	Wanzen	Spinnen
LP$_1$	0	Wasserlinie	1	—	2	—	1	—	—	—
LP$_2$	0,7	Feuchtzone mit kleinem Detritus-Anspülsaum	—	2	5	—	—	—	—	—
LP$_3$	3	*Bolboschoenus maritimus*	3	1	5	—	1	—	—	—
LP$_4$	7	*Carex distans*-, *Festuca pratensis*-Rasen	2	2	4	1	1	—	—	1
LP$_5$	14	Trockenrasen mit *Festuca pseudovina*	4	4	4	—	—	2	1	—

gebildete Spülsäume, die infolge der starken Winde häufig auftreten. Solche detritusreiche Spülsäume stellen im nahrungsarmen Salzbodenbereich eine wichtige Nahrungsquelle für detritivore Kleinarthropoden dar, wodurch die stellenweise auffallend dichte Besiedlung erklärlich ist. Unter den Bewohnern dominieren Collembolen, durchwegs vagile Formen, die durch ihre relativ rasche Fortbewegungsmöglichkeit imstande zu sein scheinen, sich in kurzer Zeit an neu entstandenen Spülsäumen anzusammeln. Ein Teil dieser Collembolen, die sich bevorzugt am Wasserrand aufhalten, dürfte außerdem beim Rückgang des Wassers am Spülsaum verbleiben. Oribatiden kommen in den Spülsäumen nicht oder nur vereinzelt vor, da sie im allgemeinen auch den darunterliegenden Bodenbereichen fehlen, ein Einwandern daher nicht möglich ist. Hingegen treten immer Gamasinen und trombidiforme Milben auf, wenn auch meist in geringerer Anzahl als Collembolen. Als Räuber und Aasfresser finden sie in den Spülsäumen ebenfalls günstige Ernährungsbedingungen vor. Stellenweise entstehen mächtige, dezimeterdicke Spülsäume, die hauptsächlich aus Pflanzenresten bestehen; oft sind massenhaft Samen, insbesondere von *Bolboschoenus maritimus*, beigemengt. Derartige Stellen erwiesen sich auch von Arten der Makrofauna ziemlich dicht besiedelt und stellen Klein-Lebensräume dar, die nach eigenen Beobachtungen oft mehrere Wochen hindurch bestehen bleiben. Es ist nicht nur die Konzentration an Nahrungsstoffen, die solche Stellen auszeichnet, sondern auch die selbst in den Trockenzeiten im Inneren verbleibende Feuchtigkeit, wodurch den Tieren wesentlich günstigere Lebensbedingungen geboten werden als im umgebenden vegetationsarmen und ausgetrockneten, salzigen Uferboden.

Staphyliniden sind ein charakteristischer Bestandteil der Makrofauna großer Spülsäume. Ein solches Anspülicht an der Langen Lacke wurde daraufhin genauer untersucht und insgesamt 11 Arten gefunden. Die Staphylinidenfauna derartiger Stellen setzt sich einerseits aus halobionten bzw. halophilen Arten (Nr. 1, 2, 3, 4 — s. system. Teil), anderseits aus Ubiquisten feuchter Detritusstellen (Nr. 5—10) zusammen. Ganz anders ist beispielsweise die Artenzusammensetzung im Wäldchenboden, von wo aus H eine Vergleichsprobe vorliegt (Nr. 11—16).

In der feuchten Zone des unmittelbaren Wasserrandes oder auf der ufernahen Wasseroberfläche kommt es häufig zu Massenansammlungen von Collembolen, so daß die Wasserlinie oft dunkel gesäumt erscheint. In den meisten Fällen sind es nur Anhäufungen einer einzigen Art = *Proisotoma (Ballistura) crassicauda* Tullb. Die Vorliebe dieser Spezies für Wasseroberflächen oder nasse bzw. sehr feuchte Substrate ist bekannt, ebenso ihre weitgehende Salztoleranz an Meeresküsten (s. STRENZKE 1955). Oft findet sich an den Lachenrändern eine weitere Art in größerer Anzahl, tritt aber nicht so auffallend in Erscheinung wie *crassicauda = Proisotoma (B.) schötti* Dalla-Torre; eine in Europa weitverbreitete Spezies, die besonders an Meeresküsten häufig ist, von GISIN aber auch an Kompoststellen des Binnenlandes angetroffen wurde (s. STRENZKE). Beide Funde sind von einigem Interesse, worauf im systematischen Teil näher eingegangen werden soll. Für die geschilderten Massenansammlungen entlang der Wasserlinie ist auch der Einfluß des Windes von einiger Bedeutung. Als Beispiel sei ein Protokollauszug einer mehrstündigen Beobachtung am Südufer des Illmitzer Zicksees vom 10. 5. 1956 angeführt:

8.45 h — Warm, sonnig, fast windstill. Auf der ufernahen Wasseroberfläche in schütterer Verteilung *P. crassicauda*, ebenso in der durchschnittlich 60 cm breiten Uferfeuchtzone.

9.05 h — Aufkommen eines immer stärker werdenden Windes aus NW.

10.50 h — Anhaltend starker Wind bedingt Wasserstau am Südufer; infolge des flachen Uferbodens überflutet das Wasser einen 1,5 bis 2 m breiten Streifen. Die früher in der Feuchtzone befindlichen Collembolen werden durch das langsam auflaufende Wasser vom Boden abgehoben (ebenfalls beobachtet) und bilden zusammen mit den bereits früher an der Wasseroberfläche befindlichen Exemplaren einen schmalen, aber deutlichen dunklen Saum längs der Wasserlinie.

14.00 h — Gleichbleibender Wind; die Collembolen-Konzentration längs der Wasserlinie unverändert.

Winde sind im Seewinkel sehr häufig und der geschilderte Vorgang kein Einzelfall. Damit soll aber nicht gesagt werden, daß alle größeren Ansammlungen dem Windeinfluß zuzuschreiben sind. Die mitgeteilte Beobachtung zeigt jedoch, daß durch windbedingte Verdriftung in relativ kurzer Zeit anhaltende Massenansammlungen längs der Wasserlinie entstehen können. So kann auf diese Weise auch der Wind als verteilungsregulierender Faktor wirksam werden.

Auch die Oribatidenfauna verarmt, den jeweiligen Bewuchszonen entsprechend, vom Rasen zum vegetationslosen, salzreichen Uferboden hin. In den mehr oder weniger stark vom Wasser beeinflußten Uferbereichen, nur selten in der nackten Feuchtzone, dafür oft an filzigen Grünalgenüberzügen des Bodens, im feuchten *Bolboschoenus-maritimus-* und *Puccinellia-salinaris-* Bereich, aber auch gerne an langfristig nassen oder überschwemmten Rasenstellen tritt eine Art als charakteristischer Bewohner auf.

Punctoribates hexagonus. Sie besiedelt die feuchten oder nassen Stellen ziemlich regelmäßig, wenn auch mit schwankender Häufigkeit. Die folgenden Auszüge aus Tabelle 5 und 6 (absolute Individuenzahlen) geben die artmäßige Aufgliederung der Oribatei wieder und zeigen sehr schön die typische Verteilung dieser hygrophilen Art. Vergleichsuntersuchungen im Uferbereich anderer Salzlachen brachten übereinstimmende Resultate.

ex Tabelle 5:	GP_1	GP_2	GP_3	GP_4	GP_5	GP_6
Hydrozetes lemnae	2	—	—	—	—	—
Punctoribates hexagonus	4	2	—	—	—	—
Scutovertex sculptus	—	—	—	—	5	5
Tectocepheus velatus	—	—	—	—	—	27
Peloptulus phaenotus	—	—	—	—	—	4
Zygoribatula cognata	—	—	—	—	2	—
Trichoribates incisellus	—	—	—	—	—	1

ex Tabelle 6:	LP_1	LP_2	LP_3	LP_4	LP_5
Punctoribates hexagonus	1	—	25	4	—
Peloptulus phaenotus	—	—	—	1	11
Zygoribatula longiporosa	—	—	—	4	—
Z. exarata	—	—	—	—	6
Scutovertex sculptus	—	—	—	—	5
Tectocepheus velatus	—	—	—	—	5
Zygoribatula cognata	—	—	—	—	4
Trichoribates incisellus	—	—	—	—	1

Im Hinblick auf das Vorkommen submerser Oribatiden wurden der Neusiedlersee und 4 Sodalachen (Oberer und Unterer Stinker, Illmitzer Zicksee, Lange Lacke) untersucht. Im Neusiedlersee (Unterwasserproben aus dem Schilfgürtel) wurde *Hydrozetes lemnae*, die WILLMANN (1951) von einer feuchten Uferwiese bei Neusiedl meldet, gefunden. Im Illmitzer Zicksee wurde sie ebenfalls als regelmäßiger Bewohner festgestellt; zuweilen tritt sie auch in der Feuchtzone außerhalb des Wassers auf, z. B. in Probe GP_1. In den übrigen Lachen verlief die Suche negativ. Die nur geringe Anzahl der untersuchten Lachen erlaubt aber noch keine konkreten Aussagen über den Grad der zweifellos vorhandenen Salztoleranz dieser Spezies.

Mit dem starken Eintrocknen der Sodalachen in den Sommermonaten rückt die Makrofauna mit vagilen, durchwegs räuberischen Arten auf die trockengewordenen Zonen nach, so daß es zu jahreszeitlichen Verschiebungen der tierischen Besiedlung kommt, worauf schon KÜHNELT (1955) hingewiesen hat. Es erhebt sich die Frage, ob auch innerhalb der Kleinarthropodenfauna derartige Verschiebungen stattfinden. — Wie die Untersuchungen ergaben, trifft dies für Kleinarthropoden nur in beschränktem Umfang zu. Die bevorzugt am unmittelbaren Lachenrand lebenden Arten, insbesondere Collembolen (hauptsächlich die beiden *Proisotoma*-Arten) und vereinzelt Milben aus der Gruppe der Gamasinen und Trombidiformes, folgen der in den Trockenzeiten langsam zurückweichenden Wasserlinie, teils bleiben sie an den entstandenen Spülsäumen zurück. Für *Punctoribates hexagonus*, dem einzigen charakteristischen Vertreter der Oribatiden in den Feuchtbereichen scheint dies ebenfalls zuzutreffen. Die trockengewordenen Uferböden werden von vagilen Gamasinen und trombidiformen Milben nur ganz schütter und unregelmäßig besiedelt. Der Besiedlungscharakter gleicht dem im Boden des Sodaflecks.

Für die Anreicherung organischer Stoffe an den trockengewordenen Uferböden ist die Tätigkeit der wenigen Kleinarthropoden ohne Bedeutung.

Grünalgenüberzüge (vorwiegend aus *Cladophora* sp. und *Spirogyra* sp.) bedecken oft größere Flächen der nackten Uferzonen. An ihnen kommt es oft zu Konzentrationen von uferbewohnenden Kleinarthropoden, insbesondere bei starker Austrocknung der Uferzonen, da der darunterliegende Boden feucht bleibt. Stellenweise bildet auch *Nostoc* sp. dünne Bodenüberzüge (Meteorpapier), z. T. auch auf überschwemmten Rasenflächen. Sie erweisen sich ebenfalls meist von Kleinarthropoden bewohnt, u. zw. werden sie durch Arten des darunterliegenden Untergrundes besiedelt. Dazu gesellt sich meistens der hygrophile *Punctoribates hexagonus*. Nahrungsbeziehungen zwischen Oribatiden und den Algenüberzügen konnten nicht festgestellt werden.

IV. Biozönotische Gliederung.

In den vorangegangenen Kapiteln wurden die untersuchten Bodenbereiche einzeln einer eingehenden Besprechung unterzogen. Darauf basierend soll nun im folgenden eine vergleichende Übersicht und Zusammenfassung der Ergebnisse unter biozönotischen Gesichtspunkten erfolgen. Eine eingehende biozönotische Gliederung war nur bei den vollständig aufgearbeiteten Oribatei möglich, weshalb diese gesondert besprochen werden sollen. Von den restlichen Kleinarthropoden bzw. einigen mitberücksichtigten Arten der Makrofauna werden im Anschluß daran einige bemerkenswerte Befunde mitgeteilt.

A. Oribatei.

Besatzdichte: In Abbildung 2 ist die durchschnittliche Dichte der Oribatidenfauna in den verschiedenen Böden kurvenmäßig dargestellt. Vom geschlossenen Salzsteppenrasen zum *Lepidium*-Boden mit nur geringem Deckungsgrad sinkt sie sprunghaft ab. Im Wäldchenboden steigt die Besatzdichte hingegen stark

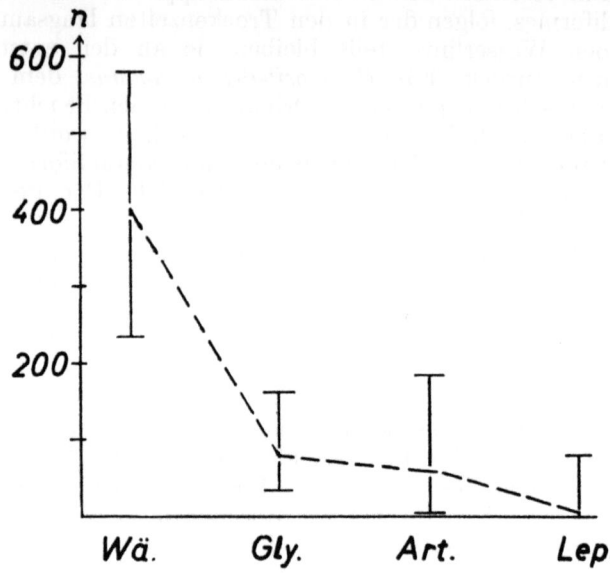

Abb. 2. Besiedlungsdichte der Oribatei; — — — =Durchschnittswert, unter Vernachlässigung der beiden Extremwerte; I=jeweiliger Schwankungsbereich; n=Individuenanzahl.

an und erreicht hier ihren Maximalwert im Seewinkel. Der Kurvenanstieg vom salzfreien Trockenrasen zum Wäldchen entspricht weitgehend den natürlichen Verhältnissen, da die Besatzdichte in Übergangsbereichen, z. B. in Rasenböden am Waldrand, entsprechende Zwischenwerte erreicht.

Frequenz: Die in den verschiedenen Böden festgestellten Arten wurden jeweils in 4 Frequenzklassen (25, 50, 75 und 100%) eingereiht. Das Resultat ist in Form eines Diagrammes dargestellt (Abb. 3). Die vom hochversalzten *Lepidium*-Boden zum salzfreien Bereich zunehmende Regelmäßigkeit der Besiedlung geht anschaulich daraus hervor. Die im Wäldchenboden herrschenden günstigen Lebensbedingungen prägen sich in der Frequenz sehr deutlich aus. Beinahe die Hälfte der in den Wäldchen gefundenen Arten gehören der höchsten Frequenzklasse an, wodurch sich der Besiedlungscharakter dieser Böden grundsätzlich von jenem der Trocken- und Salzsteppenrasen unterscheidet.

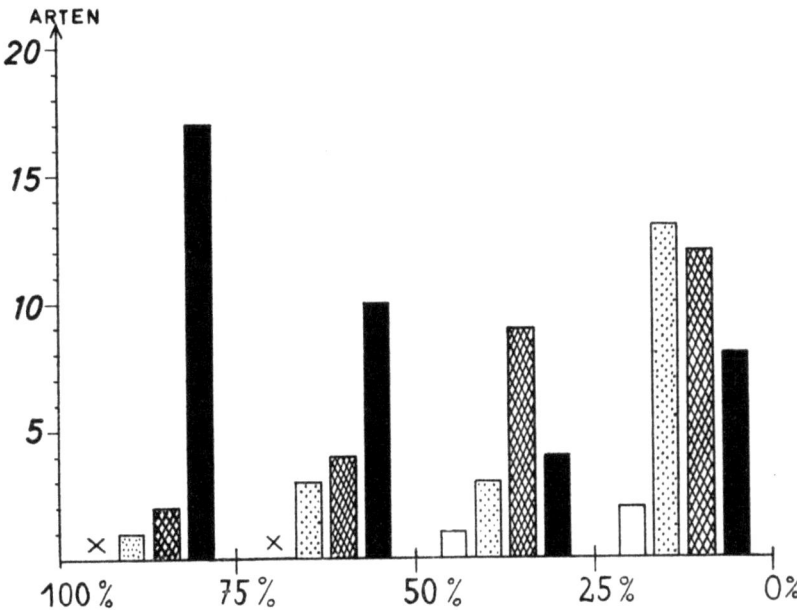

Abb. 3. Frequenz der Oribatiden-Arten in der *Lepidium*-Zone (weiß; x=fehlend), in der *Artemisia*-Salzsteppe (punktiert), im glykischen Trockenrasen (schraffiert) und im Wäldchenboden (schwarz).

Artenzahl: Infolge der in manchen Bodenbereichen sehr unregelmäßigen Artenverteilung sollen keine Durchschnittswerte, sondern die Gesamtzahl der in den verschiedenen Böden festgestellten Arten verglichen werden:

Wäldchen 39
Glykischer Trockenrasen 29
Artemisia-Salzsteppe 20
Lepidium-Zone 3

Erwartungsgemäß erreicht auch die Artenzahl ihren höchsten Wert im Wäldchenboden. Von den insgesamt 56 im Seewinkel festgestellten Arten wurden somit rund 70% in den Wäldchen gefunden. Die Rasenbereiche sind bereits artenärmer. Zum *Lepidium*-Boden hin sinkt dann die Artdichte sprunghaft ab. Auch die Besatzdichte zeigt am Übergang vom geschlossenen Rasen zur offenen Halophytenflur einen ähnlich stark ausgeprägten Abfall, worauf bereits hingewiesen wurde.

Artenverteilung: Aus der soeben erfolgten Besprechung resultiert eine Verminderung von 39 Arten im Wäldchenboden bis auf 3 Arten im *Lepidium*-Bereich. Vergleichen wir die Fauna der verschiedenen Böden hinsichtlich ihrer artlichen Zusammensetzung, so zeigt sich, daß die Abnahme der Arten keine Verarmungsserie der Wäldchenfauna darstellt. Das folgende Schema (Abb. 4) soll diese Zusammenhänge näher erläutern. Die in den Kästchen stehende Zahl entspricht den insgesamt im betreffenden Bodenbereich festgestellten Arten; die Zahl auf den Pfeilen gibt an, wieviel Arten beiden Bereichen gemeinsam sind; in Klammer (+) sind die neu hinzukommenden Arten angeführt.

Das Vordringen der Oribatei in die versalzten Bodenbereiche ist, wie das Schema zeigt, als Verarmungsserie der Fauna des glykischen Trockenrasens anzusehen. Die *Artemisia*-Salzsteppe wird von einer verarmten Trockenrasenfauna besiedelt; nur 3 Arten treten neu hinzu, von denen jedoch die vereinzelt gefundenen Exemplare von *Punctoribates hexagonus* und *Neoliodes ionicus* als Irrgäste angesprochen werden können und daher ohne

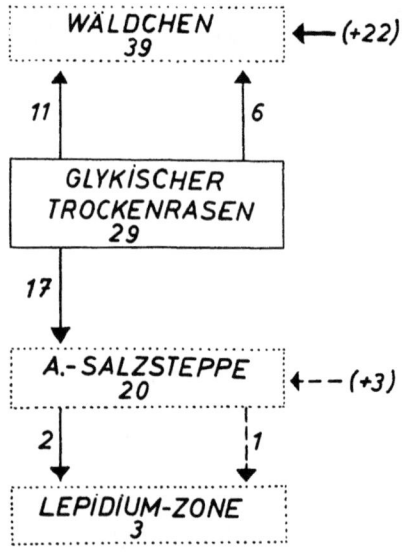

Abb. 4. Artenverteilung der Oribatei.

wesentliche Bedeutung sind. Bedeutsam ist hingegen das häufige Auftreten von *Scutovertex pannonicus*, der auch in die hochversalzten *Lepidium*-Böden vordringt und die einzige Oribatidenart ist, die im Seewinkel auf die versalzten Bodenbereiche beschränkt zu sein scheint (vgl. Abb. 5)! Ob diese nova species in ihrem Vorkommen obligat an salzhaltige Substrate gebunden ist, kann derzeit nicht entschieden werden. Dazu müssen Wiederfunde in anderen Gebieten abgewartet werden.

17 Arten des salzfreien Trockenrasens konnten im Wäldchenboden nachgewiesen werden, aber nur 11 davon gehören auch jener Artengruppe (17 sp.) an, die in den Salzsteppenbereich vordringt. Den Grundstock der Wäldchenfauna bilden vor allem 22 neu hinzutretende Arten (= 56% der Wäldchenfauna), die den Rasenbereichen fehlen. Es besteht somit ein markanter Unterschied in der artlichen Zusammensetzung der Fauna des Wäldchenbodens und jener des glykischen Trockenrasens bzw. der von einer verarmten Trockenrasenfauna besiedelten Salzbodenbereiche. Der Unterschied wird noch deutlicher, wenn zusätzlich noch Frequenz und Abundanz mitberücksichtigt werden. In diesem Zusammenhang sei auf das geringe Alter der Wäldchen, die erst um die Jahrhundertwende auf Rasenboden gepflanzt wurden, hingewiesen. Erstaunlich, daß es in verhältnismäßig kurzer Zeit zu einer so tiefgreifenden Veränderung der Oribatidenfauna gekommen ist. Es liegt jedoch nicht im Rahmen der vorliegenden Arbeit, dieses Problem, wozu eine eigene Untersuchung nötig wäre, weiter zu verfolgen.

Insgesamt wurden in den verschiedenen Böden 56 Oribatidenarten gefunden. Viele davon sind nur sehr schütter und unregelmäßig verteilt, so daß sie für eine biozönotische Auswertung nicht in Frage kommen. Hingegen lassen andere Arten ein beschränktes Vorkommen oder zumindest ein deutliches Optimum in bestimmten Bodenbereichen erkennen. Die charakteristische Verteilung solcher Oribatei ist in Abbildung 5 schematisch wiedergegeben. Über das Vorkommen von *Hydrozetes lemnae* und *Punctoribates hexagonus* wurde bereits vorhin berichtet (s. Lachenufer). Die letztgenannte Art findet sich als einzige Oribatide in der unmittelbaren Feuchtzone der Lachenufer, unabhängig von deren Salzgehalt. Anscheinend verträgt sie auch Überflutungen von langer Dauer, da sie mehrmals im Deckungsbereich von Pflanzenbüscheln, die schon mehrere Wochen unter Wasser standen, lebend gefunden wurde. Sie besiedelt ferner wassernahe bzw. im Frühjahr langfristig durchnäßte Rasenstellen, in denen bereits verschiedene Arten der üblichen Rasenfauna angetroffen werden (z. B. die *Carex-distans*-Zone, vgl. Tab. 6). Eine Verdriftung durch steigendes oder fallendes Wasser scheint nicht

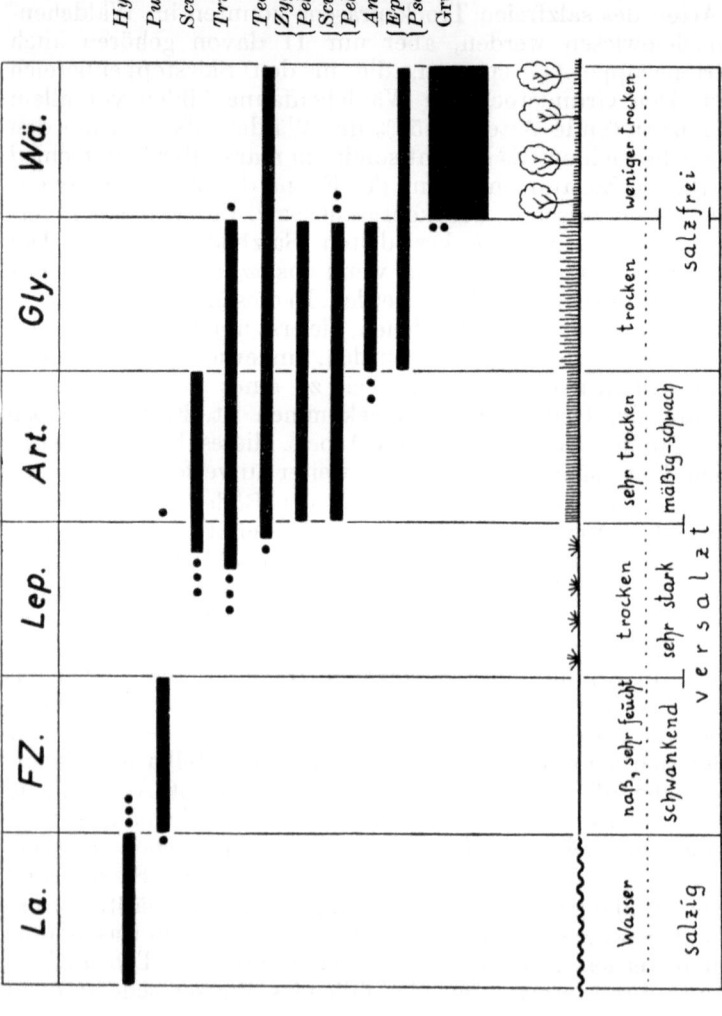

Abb. 5. Charakteristische Verteilung einiger Oribatei im Seewinkel.

La. = Salzlachen, Fz. = Feuchtzonen, Lep. = *Lepidium*-Bereich, Art. = *Artemisia*-Salzsteppe, Gly. = glykischer Trockenrasen, Wä. = Trockenwäldchen.

selten zu sein — damit wären z. B. auch die vereinzelten Funde in der ufernahen Randzone von Salzsteppenrasen hinreichend erklärt — doch wage ich dies wegen der nur spärlichen Hinweise nicht zu behaupten. Jedenfalls resultiert für *Punctoribates hexagonus* im Seewinkel eine deutliche Hygrophilie und Salztoleranz. Erwähnenswert wäre in diesem Zusammenhang *Zygoribatula longiporosa*, eine zwar nicht oft, aber durchwegs an feuchten oder nassen Rasenstellen gefundene Spezies. Die bisherigen Funde genügen aber m. E. noch nicht, um daraus auf eine charakteristische Hygrophilie schließen zu können. — Für die trockenen Rasenbereiche, unabhängig vom Versalzungsgrad, können *Peloptulus phaenotus*, *Scutovertex sculptus* und *Trichoribates incisellus* (=Artengruppe α) als Charakterarten angesehen werden. *Zygoribatula exarata*[4] und *Pelops subexutus* erwiesen sich ebenfalls auf die Rasenböden beschränkt, doch ist ihre Frequenz nicht so hoch wie jene der zuvor genannten Arten. In die durch sehr hohen Versalzungsgrad und fehlende Humusdecke ausgezeichneten *Lepidium-cartilagineum*-Böden vermögen nur 3 Arten vorzudringen. Eine regelmäßige Besiedlung durch Oribatiden findet jedoch nicht mehr statt. Die schon von verschiedenen Autoren festgestellte Euryoecie von *Tectocepheus velatus* tritt auch bei den vorliegenden Untersuchungen klar in Erscheinung. Mit Ausnahme der feucht-nassen Uferzone bewohnt diese Art — als einzige unter den gefundenen Oribatiden — regelmäßig und häufig alle untersuchten Bodenbereiche. Sie gehört sogar jener kleinen Gruppe von 3 Arten an, die in die hochversalzten *Lepidium*-Böden vorzudringen imstande ist.

Anhand der biozönotischen Gliederung des vorliegenden Materials lassen sich im Seewinkel 4 Besiedlungsreiche abgrenzen:

1. Das freie Wasser.
   Charakterart: *Hydrozetes lemnae*.
2. Der feucht-nasse Uferbereich.
   Charakterart: *Punctoribates hexagonus*.
3. Die geschlossenen Trockenrasen.
   Charakterart: Artengruppe α.
   a) Die *Artemisia-maritima*-Salzsteppenrasen.
      Charakterart: *Scutovertex pannonicus*.
   b) Der glykische, d. h. salzfreie Trockenrasen.
      Charakterart: *Anachipteria ornata*.
4. Die Trockenwäldchen.
   Charakterart: Artengruppe γ.

[4] Nach SCHUSTER 1958 nur in glykischem Rasen festgestellt; inzwischen wurde sie auch im Salzsteppenrasen mehrmals gefunden.

Vergleichen wir nun die im Seewinkel vorgefundene Artenverteilung mit jener an den norddeutschen Küsten (STRENZKE 1952, KNÜLLE 1957) und an der polnischen Binnensalzstelle (WILLMANN 1949). Für *Punctoribates hexagonus* zeichnet sich ein klares Optimum in feucht-nassen Substraten, unabhängig vom Salzgehalt ab. Er ist an den Küsten ein charakteristischer Bewohner der Salzwiesen und Spülsäume; an der Binnensalzstelle hat er sein Hauptvorkommen in feuchten Wiesen von verschiedenem Versalzungsgrad. Ansonsten kann diese Art als typischer Bewohner feucht-nasser Binnenlandböden, insbesondere mooriger Wiesen angesehen werden. Die beiden von FRANZ (1954, 425) gemeldeten Funde an sehr trockenen Stellen sind daher sehr auffallend und vorderhand nicht recht erklärlich. Vielleicht sind es Irrgäste von einer in der Nähe befindlichen Feuchtstelle? Dies wäre insoferne denkbar, als diese Art auch in sehr trockenen Böden — ich verweise auf vereinzelte Funde in der Randzone der Salzsteppen — zumindest längere Zeit zu leben vermag. — Von den Arten der *Oribatella-arctica-litoralis*-Synusie der Salzwiese und des feuchten Meeresstrandes sind *O. a. litoralis*, *Hermannia pulchella* und *Passalozetes bidactylus* stenotope Küstenbewohner. In der Gezeitenzone der Nordseeküsten kommen außerdem *Ameronothrus*-Arten ziemlich regelmäßig vor (WILLMANN 1937, 158). Die Salzböden des Seewinkels erweisen sich hingegen von einer verarmten Fauna der angrenzenden Trockenrasen besiedelt; keine der genannten Arten des Meeresstrandes wurde im Gebiet festgestellt! Eine einzige Oribatide, *Scutovertex pannonicus*, wurde im Seewinkel ausschließlich in versalzten Bodenbereichen gefunden. Ob es sich bei ihr vielleicht um eine Charakterart kontinentaler Salzsteppenböden handelt, kann anhand dieser ersten Funde noch nicht entschieden werden. WILLMANN fand an der polnischen Binnensalzstelle keine für dort spezifische Art, aber auch keine der Meeresstrandformen.

Die Besiedlung der norddeutschen Küstenböden weist dennoch einige bemerkenswerte Parallelen mit den Salzböden des Seewinkels auf, u. zw. hinsichtlich der Salztoleranz gewisser Arten. So dringt beispielsweise *Trichoribates incisellus* weit in die salzhaltigen Küstenböden vor, wo er regelmäßig und zahlreich auftritt. Im Seewinkel zählt er auch zu jenen Arten, die am weitesten in die Sodaböden vordringen können. Von den 3 im *Lepidium*-Boden gefundenen Arten trat er am häufigsten auf (s. Auszug aus Tab. 1). Die Salztoleranz dieser Spezies, die auch von SCHWEIZER (1926) und WILLMANN (1949) aus Binnensalzstellen gemeldet wird, scheint sehr groß zu sein. Doch wie schon STRENZKE betont, ist *T. incisellus* nicht an salzhaltige Substrate gebunden, wie aus zahlreichen anderen Funden sowohl an feuchten als auch an trockenen, salzfreien Substraten hervorgeht. *Peloptulus phaenotus* und der bis in die *Lepidium*-Zone vordringende *Tectocepheus velatus* sind in den Küstensalzböden und im polnischen Salzgebiet ebenfalls nicht selten. Von den übrigen Begleitarten der *Oribatella-arctica-litoralis*-Synusie (s. STRENZKE Tab. 14) trat keine in bemerkenswerter Anzahl in den versalzten Böden des Seewinkels auf. — *Scutovertex sculptus*, im Seewinkel eine Charakterart der sehr trockenen Salzsteppen und der glykischen Trockenrasen, hat in Norddeutschland sein Optimum „. . . im nassen bis frischen, süßen und salzigen Grünland . . ." (KNÜLLE 1957, 412); STRENZKE fand ihn außerdem im Küstenspülsaum.

Anhand des gesamten bisher in Salzböden gefundenen Oribatidenmaterials kann zusammenfassend folgendes festgestellt werden: Viele Oribatidenarten sind imstande, versalzte Böden, sowohl NaCl-Böden der Meeresküsten und des Binnenlandes als auch kontinentale Alkaliböden mehr oder weniger regelmäßig zu besiedeln. STRENZKE fand in den norddeutschen Küstensalzböden insgesamt 23 Arten (n. Tab. 14), WILLMANN an den Salzstellen im polnischen Binnenland 16; in der vorliegenden Untersuchung des Seewinkels wurden 20 Arten in den versalzten Bodenbereichen festgestellt[5]. An den Küsten treten zusätzlich stenotope Charakterarten auf. Binnensalzstellen werden hingegen nur von einer verarmten Fauna der angrenzenden salzfreien Bodenbereiche besiedelt, ohne daß spezifische Halobionten bisher mit Sicherheit (vgl. *S. pannonicus*) festgestellt werden konnten.

Faktorenwirksamkeit: „Im Gegensatz zu autotrophen Pflanzen und Wassertieren sind die luftlebenden Tiere des Edaphons der unmittelbaren Einwirkung im Wasser gelöster Stoffe (z. B. durch Osmose) ja weitgehend entzogen" (STRENZKE 1952, 12). Dies ist auch der Grund, weshalb die Beurteilung der Wirksamkeit des Faktors Salzgehalt hinsichtlich bodenbewohnender Kleinarthropoden so außerordentlich schwierig ist. Gleichzeitig mit einer Änderung des Salzgehaltes im Boden verändern sich auch andere, für die Oribatidenfauna wichtig scheinende Faktoren, wie pflanzlicher Bewuchs, der wiederum den Humusgehalt beeinflußt, ferner die Bodenfeuchtigkeit, die eine der wichtigsten Existenzgrundlagen für die Bodenkleinarthropoden darstellt, sowie auch das pH mit seinen z. T. noch ungeklärten Auswirkungen und außerdem die Versalzung der Nahrung, was in manchen Fällen von entscheidender

---

[5] Derzeit in Ausarbeitung befindliche Proben aus mediterranen Salzböden (Camargue) lassen auf ähnliche Verhältnisse schließen.

Bedeutung sein kann (s. REMMERT 1956). Aus all dem resultiert ein Komplex von vielen, z. T. eng miteinander verknüpfter Faktoren, die sich gegenseitig in verschieden starkem Maße beeinflussen. Ohne physiologische Experimente, denen die Kleinheit der Tiere jedoch außerordentlich hindernd im Wege steht, ist eine kausale Erfassung der Wirksamkeit der einzelnen Faktoren dieses Komplexes nicht zu erwarten. — Wie aus den bisher vorliegenden Untersuchungsergebnissen verschiedener Autoren entnommen werden kann, scheint ein nur leicht bis mäßig versalzter Boden, unabhängig von der Zusammensetzung seiner Salze (z. B. Natriumchloridböden — Sodaböden), keine wesentlich limitierende Wirkung auf die Besiedlung durch Oribatiden auszuüben. Die Artdichte der Bewohner derartiger Böden ist noch verhältnismäßig hoch. Als Beispiel sei der nicht sehr wesentliche Unterschied zwischen Salzsteppenrasen (20 sp.) und salzfreiem Trockenrasen (29 sp.) angeführt. Dabei ist noch zu bedenken, daß die Trockenheit im erstgenannten Bodenbereich etwas höher ist, was m. E. wirksamer sein dürfte als der erhöhte Versalzungsgrad. Die *hochversalzten* Stellen kontinentaler Alkaliböden mit ihrem hohen Sodagehalt scheinen jedoch im Vergleich zu den NaCl-Böden des Meeresstrandes den Oribatiden wesentlich ungünstigere Lebensbedingungen zu bieten. Dies drückt sich in der bereits sehr schütteren Besiedlung der *Lepidium*-Zone aus. Der extrem versalzte, allerdings vegetationslose Boden des Sodaflecks ist überhaupt nicht mehr von Oribatiden bewohnt. Hingegen sind Oribatiden in allen Versalzungsbereichen von Küstenböden, selbst im Eulitoral zu finden; es treten sogar spezifische Charakterarten auf. Auf welche Ursachen die Unterschiede im Besiedlungscharakter der beiden miteinander verglichenen Salzbodengebiete zurückzuführen sind, kann hier nicht entschieden werden. In diesem Zusammenhang wäre es erwähnenswert, daß nach WARCUPS Befunden (zit. n. KARPPINEN 1958, 8/9) in alkalischen Wiesenböden die Pilzflora stark zurückgeht. Die außerordentlich hohen p_H-Werte der Sodaböden — bereits in der *Lepidium*-Zone kommt es zu sommerlichen Durchschnittswerten um p_H 10 — könnten daher eine rapide Abnahme der Myzelien zur Folge haben und damit für mikrophytenfressende Oribatiden einen entscheidenden Nahrungsmangel hervorrufen. Auch für makrophytenfressende Oribatiden („Makrophytenfresser", s. SCHUSTER 1956) sind diese Böden als äußerst nahrungsarm anzusprechen. Es fehlt ihnen eine Bodenkrume; nur im zentralen Deckungsbereich der einzelnen Halophyten finden sich abgestorbene Pflanzenreste, die aber nur schlecht verrotten und daher kein günstiges Nährsubstrat darstellen. Der extreme Nahrungsmangel derartiger Böden würde im wesentlichen aber nur die geringe Individuendichte erklären; für die qualitative Zusammensetzung der Oribatidenfauna — nur gewisse Arten dringen in die hochversalzten Bereiche vor — kann er wohl nicht verantwortlich gemacht werden.

In diesem Zusammenhang wurden ernährungsbiologische Untersuchungen (Darminhalt) an insgesamt 21 Arten durchgeführt. Von manchen Arten konnten dazu Individuen aus verschiedenen Bodenbereichen herangezogen werden; es ergaben sich jedoch keine Unterschiede in der Art der aufgenommenen Nahrung. Leider war bei Tieren aus dem *Lepidium*-Boden nur selten ein Darminhalt vorhanden, so daß über das Nahrungsangebot in diesen Böden nichts Entscheidendes ausgesagt werden kann. Die untersuchten Tiere wurden nach Ernährungstypen gegliedert und in die entsprechenden Gruppen (s. SCHUSTER 1956) eingereiht. Arten, die auch damals untersucht wurden, sind mit * bezeichnet. In Klammer steht die Anzahl der untersuchten Tiere, ferner deren Herkunft: L = *Lepidium*-Zone, R = Salzsteppenrasen und glykischer Trockenrasen, W = Wäldchen.

Mikrophytenfresser:
 Scheloribates laevigatus (14, R, W): Vorwiegend Hyphen.
 Liebstadia similis (7, W): Vorwiegend Sporen und Konidien.
 Punctoribates hexagonus (16, Lachenufer, Feuchtbereiche): Vorwiegend Konidien und Hyphen; 1 Tier mit algenartigen Zellgebilden.
 Zygoribatula cognata (11, R): Ziemlich gleichmäßig Hyphen, Sporen und Konidien.
 Zygoribatula exarata (6, R): Vorwiegend Konidien.
 Zygoribatula longiporosa (5, R): Hyphen und Sporen gleichmäßig.
 Anachipteria ornata (13, R): Diverse Pilzreste, mehr oder weniger gleichmäßig.
 Peloptulus phaenotus (10, R): Vorwiegend Sporen und Konidien.
 Gymnodamaeus bicostatus (5, W)*: Vorwiegend Hyphen.
 Oppia nitens (5, W): Diverse Pilzreste, mehr oder weniger gleichmäßig.
 Protoribates pannonicus (1, R): Hyphen.
 Brachychthonius bimaculatus (1, R): Diverse Myzelstücke.
 Galumna obvius (1, W): Hyphen.
 Trhypochthonius tectorum (2, R): Diverse Myzelreste.

Makrophytenfresser:
 Pseudotritia ardua (6, R, W)*: Parenchym-Material, ligninhältige Partikel u. ä.
 Epilohmannia cylindrica (5, R, W): Wie oben.
 Camisia biverrucata (2, W): Vorwiegend Parenchymelemente.

Nichtspezialisten (vorläufig fraglich eingereiht):
 Scutovertex sculptus (6, R): Meist gelblich-bräunlich gefärbte, stark zerkleinerte Partikel, ohne deutlich kenntliche Zellstrukturen (Makrophytenmaterial?); bei 2 Tieren dominieren Myzelreste.

Trichoribates incisellus (5, L, R): 2 hauptsächlich mit Myzelresten, 3 (L) mit den gelblichen Partikeln.

Tectocepheus velatus (3, L, R): 1 R nur Konidien, 1 R Myzelreste, 1 L fein granulierte Masse mit verschiedenen gröberen Partikeln (?).

Pelops subexutus (3, R): 2 mit undeutbarem Material (wie oben), 1 mit Sporen und Hyphen.

Der Großteil der untersuchten Arten ernährt sich also von mikrophytischem Material, u. zw. von Pilzhyphen, -konidien und -sporen. Algen treten als Nahrung völlig zurück. Dies ist von besonderem Interesse, da im Uferbereich der Sodalachen filzige Algenüberzüge (u. a. *Cladophora* sp., *Spirogyra* sp.) stellenweise oft größere Bodenflächen bedecken, an denen häufig der hygrophile *Punctoribates hexagonus* gefunden wurde. Wie Untersuchungen des Darminhaltes ergaben (s. oben), treten Algen als Nahrung bei ihm jedoch ganz zurück. Die in Betracht zu ziehende Möglichkeit einer durch Algennahrung bedingten Bindung dieser Art an die Uferzone kann daher verneint werden. Die gefressenen Myzelreste unterscheiden sich nicht von jenen der in Rasenbodenarten gefundenen.

Aspektfolge: Die meisten Bodenbereiche konnten zu verschiedenen Jahreszeiten (April bis Oktober) untersucht werden. Jahreszeitlich korrelierte Änderungen in der artmäßigen Faunenzusammensetzung wurden nicht gefunden. Im Frühjahr treten Juvenilstadien häufiger auf, wie es für Oribatei allgemein üblich zu sein scheint.

B. Die restliche Arthropodenfauna.

Auffallend ist, daß Proturen in keiner Bodenprobe gefunden wurden. Pseudoskorpione (3 Arten, s. syst. Teil), für die die Probengröße noch einigermaßen vertretbar ist, erwiesen sich auf die Wäldchen beschränkt. Die trockenen Rasenbereiche, sowohl die *Artemisia*-Salzsteppe als auch der glykische Trockenrasen, sind von den Ameisen *Tetramorium caespitum*, *Lasius alienus* und *Solenopsis fugax* regelmäßig bewohnt. Alle 3 Arten sind für trockene Stellen charakteristisch; die beiden erstgenannten scheinen überhaupt ihr Optimum in den osteuropäischen Steppen- und Halbsteppengebieten zu finden (s. GOETSCH 1949). Diplopoden und Chilopoden treten in den Rasenbereichen weitgehend zurück, zählen aber in den Wäldchen zu den regelmäßigen Bewohnern. *Polyxenus lagurus* konnte nur in den Wäldchen festgestellt werden, wo er auf den Baumrinden seine größte Dichte erreicht. Auch hinsichtlich der Asseln erwiesen sich die Wäldchen als bevorzugter Lebensraum; in den Rasenbereichen treten sie nur schütter auf und werden in den stärker versalzten Halophytenzonen nur mehr selten gefunden (vgl. auch FRANZ, HÖFLER u. SCHERF 1937). Ganz andere Besiedlungsverhältnisse konnten in mediterranen NaCl-Böden der Camarque festgestellt werden, wo Asseln zu den regelmäßigen und häufigen Bewohnern zählen. Darauf soll demnächst an anderer Stelle näher eingegangen werden.

V. Tiergeographische Auswertung.

Soweit es beim derzeitigen Stand unserer Kenntnisse über die Verbreitung von Bodenkleinarthropoden, speziell von Oribatiden, möglich ist, soll versucht werden, das artmäßig aufgearbeitete Material nach tiergeographischen Gesichtspunkten auszuwerten. Vor allem deshalb, da das Untersuchungsgebiet im Einflußbereich des trocken-warmen pannonischen Steppenklimas liegt. In der Vegetation ist der Artenanteil aus den südöstlichen Florenbereichen sehr groß; so stellen beispielsweise irano-turanische Arten einen auffallend hohen Prozentsatz der pannonischen Halophytenflora (WENDELBERGER 1951, 40ff.).

Mit der Oribatidenfauna der vom pannonischen Klima beeinflußten Teile Ostösterreichs beschäftigt sich die Arbeit von WILLMANN (1951), der in den von FRANZ und BEIER aufgesammelten Proben insgesamt 140 Oribatidenarten feststellte. 31 davon konnte ich nun auch im Seewinkel nachweisen. Von den restlichen 25 im Seewinkel gefundenen Arten waren einige neu für die österreichische Fauna:

Anachipteria ornata   *Zygoribatula exarata*
Scutovertex pannonicus   *Z. longiporosa*
(S. sculptus)   *Licneremaeus prodigiosus*

Hiezu sind vermutlich noch zu zählen: *Oppia* cf. *assimilis*, *Damaeus* sp. A, *Metabelba* sp. A *Galumna (Perg.)* sp. A, *G. (Pergalumna)* sp. B. Außerdem sind einige der gefundenen *Brachychthonius*-Arten (s. system. Teil) aus Österreich bisher noch nicht gemeldet worden. Diesem Tatbestand darf jedoch keine wesentliche Bedeutung beigemessen werden, da die Gattung *Brachychthonius* erst in neuerer Zeit, insbesondere durch Arbeiten von EVANS, FORSSLUND und STRENZKE artmäßig aufgeschlüsselt wurde und ältere Fundmeldungen daher unberücksichtigt bleiben müssen. Zweifellos kommen die meisten der nunmehr bekannten Arten auch an anderen Stellen in Österreich vor, worauf noch unveröffentlichte Funde PIFFLS (mündl. Mittlg.) aus der Umgebung von Wien hinweisen. — Zu 2 von mir gefundenen Arten möchte ich in diesem Zusammenhang Stellung nehmen. Die eine Art, *Scutovertex sculptus*, wurde bisher aus Österreich noch nicht gemeldet, doch besteht durchaus die Möglichkeit, daß manche der bislang als „*Sc. minutus*" bezeichneten österreichischen Funde eigentlich *Sc. sculptus* zuzurechnen sind. Die morphologische Plastizität der Gattung *Scutovertex* (s. system. Teil) erschwert eine eindeutige Identifizierung ungemein, so daß Literaturangaben nur mit Vorbehalt verglichen werden können. Aus diesem Grunde habe ich den für Österreich hiemit „erstmals" nachgewiesenen *Sc. sculptus* in Klammer () gesetzt. Die ebenfalls erst in neuerer Zeit erfolgte genaue morphologische Diagnostizierung von *Passalozetes bidactylus* durch STRENZKE (1953) läßt bisherige „*Bidactylus*"-Funde im Binnenland sehr fraglich erscheinen (s. SCHUSTER 1958). Ich würde daher vermuten, daß die von WILLMANN (1951, 159) noch als *P. bidactylus* angeführten Tiere eigentlich zu *P. intermedius* sensu Kunst gehören.

Die Einstrahlung aus dem südeuropäischen Faunenbereich prägt sich in der Artenzusammensetzung bereits deutlich aus. Von den insgesamt 56 im Seewinkel gefundenen Arten sind 12 dieser Gruppe zuzurechnen, was 21% der Fauna entspricht:

Epilohmannia cylindrica *Zygoribatula exarata*
Licneremaeus prodigiosus *Zyg. longiporosa*
Neoliodes ionicus *Protoribates pannonicus*
Scutovertex pannonicus *Anachiptera ornata*
Passalozetes intermedius *Pelops subexutus*
Microzetorchestes emeryi *P. nepotulus*

Die genannten Arten haben anscheinend ihr Hauptverbreitungsgebiet im südlichen Europa und dringen im allgemeinen nicht mehr in das nördliche Mitteleuropa vor. Bezeichnenderweise stammen die bisherigen österreichischen Funde größtenteils aus den warmen Gebieten des südöstlichen Alpenvorlandes. Wenn ich vorhin vom vermutlichen Hauptverbreitungsgebiet im südlichen Europa sprach, dann basiert diese Aussage auf den bisher bekannten, meist nur wenigen Funden in südlichen Ländern. Andererseits ist ihr Fehlen in den wesentlich besser durchforschten Gebieten des nördlichen Europa (z. B. Holland, Norddeutschland, Schweden, Finnland) gleichsinnig deutbar. — Auch die aus dem Seewinkel-Material neu beschriebenen Arten *Anachiptera ornata*, *Scutovertex pannonicus* und *Licneremaeus prodigiosus* habe ich in diese Gruppe eingereiht, da nächstverwandte Arten aus südlichen Gebieten bekannt wurden und daher ein südeuropäisches Hauptverbreitungsareal anzunehmen ist. Wie weit die Verbreitung von bisher nur aus dem Mediterrangebiet bekannten Arten nach Osten reicht, können wir derzeit mangels entsprechender Vergleichsuntersuchungen nicht sagen. Es liegen jedoch bereits Hinweise vor (u. a. KUNST 1957), daß das Verbreitungsareal vieler südlicher Arten weit in den kontinentalen Osten hineinreichen dürfte.

Abschließend möchte ich betonen, daß derzeit noch jede tiergeographische Auswertung von Oribatiden mit gewissem Vorbehalt angesehen werden muß. Trotzdem erschien mir eine entsprechende Auswertung des Materials aus dem Seewinkel von besonderem Interesse, da die Befunde als Anhaltspunkt für weitere, bereits begonnene Untersuchungen in dieser Richtung dienen sollen.

Von den außer den Oribatiden artmäßig aufgearbeiteten Kleinarthropoden ist in tiergeographischer Hinsicht der Pseudoskorpion *Atemnus politus* hervorzuheben. Er ist ein Tier des Mediterrangebietes und erreicht nur stellenweise den Südrand der Alpen, z. B. im Vintschgau, Südtirol. In der ungarischen Tiefebene vermag er weiter nordwärts vorzudringen; er wurde sogar vereinzelt noch in tieferen Lagen am Fuß der Tatra gefunden (BEIER mündl.). *Atemnus politus* gehört demnach zweifellos zu jenen Arten, die im Seewinkel das südeuropäische Faunenelement repräsentieren.

VI. Systematischer Teil.

Im folgenden Abschnitt sind alle Arten, soweit sie genauer bestimmt sind, angeführt. Die Oribatiden wurden vollständig aufgearbeitet. Von dem restlichen Material konnten infolge der derzeit herrschenden Überlastung von Spezialisten nur einzelne Gruppen oder wichtige Arten einer genaueren Bestimmung zugeführt werden. Die gefundenen Pseudoskorpione, Asseln und Ameisen sind zur Gänze bestimmt, von den Käfern ein Großteil der Staphyliniden und einige andere Arten, ferner einige wichtige Collembolen und verschiedene andere Insekten. Es sei ausdrücklich betont, daß die Probengröße auf die Oribatiden und damit auf die Kleinarthropodenfauna abgestimmt war. Die hier mitgeteilten, oft nur vereinzelten Funde von Arten der Makrofauna erheben daher keinen Anspruch auf Vollständigkeit und sind entsprechend zu bewerten; sie werden rein informativ angeführt.

Den jeweils genannten Spezialisten möchte ich an dieser Stelle für ihre Bemühungen verbindlichst danken.

Isopoda:
(det. Prof. Dr. STROUHAL, Wien)

1. *Porcellium collicola* Verh. — Salzsteppen- und Trockenrasen, Wäldchen.

2. *Armadillidium (A.) zenkeri* Brdt. — Wäldchen.

Pseudoscorpiones:
(det. Dr. M. BEIER, Wien)

1. *Dactylochelifer latreillei* (Leach) — Wäldchen.
2. *Neobisium muscorum* (Leach) — Wäldchen.
3. *Atemnus politus* (Simon) — Wäldchen (C); Erstnachweis für Österreich! Darauf bezieht sich der entsprechende Hinweis im Catalogus faunae Austriae IX a, 1. Nachtrag (BEIER 1956). Gefunden wurden ♂♂, ♀♀ und Juvenilstadien.

Formicidae:
(det. Doz. Dr. F. SCHREMMER, Wien)

1. *Lasius alienus* Foerst. — Salzsteppen- und Trockenrasen; auch im *Lepidium*-Bereich beobachtet.
2. *Tetramorium caespitum* L. — Wie vorige Art.
3. *Solenopsis fugax* Latr. — Salzsteppen- und Trockenrasen.

Coleoptera — Staphylinidae:
(det. Dr. O. SCHEERPELTZ, Wien)

1. *Bledius (B.) tricornis* Herbst — In der unmittelbaren Uferregion der Lachen und an den Sodaflecken ziemlich regelmäßig.
2. *B. (B.) unicornis* Germ. — Wie vorige Art.
3. *Trogophloeus (Boopinus) anthracinus* Muls. Rey. — Großer Anspülsaum an der Langen Lacke (7. 10. 1956); gesiebt.
4. *T. (Paraboopinus) nitidus* Baudi — Wie obige Art.
5. *T. (Taenosoma) corticinus* Grav. — Wie obige Art.
6. *Oxytelus (Anotylus) nitidulus* Grav. — Wie obige Art.
7. *Platystethus (Pl.) cornutus* Grav. — Wie obige Art.
8. *P. (Pl.) nitens* Sahlb. forma *punctatus* Fiori — Wie obige Art.
9. *Gabrius nigritulus* Grav. — Wie obige Art.
10. *G. pennatus* Sharp. — Wie obige Art.
11. *G. suffragani* Joy — Wäldchen (H) (27. 11. 1955); gesiebt.
12. *Heterothops dissimilis* Grav. — Wie 11.
13. *Mycetoporus brunneus* Marsh. aberr. *decipiens* Penecke — Wie 11.
14. *Atheta (Chaetida) longicornis* Grav. — Wie 11.
15. *A. (Acronota) amplicollis* Muls. Rey. — Wie 11.
16. *Calodera aethiops* Grav. — Wie 11.

Coleoptera diversa:
(det. Prof. Dr. W. KÜHNELT, Wien)

1. *Cicindela litoralis nemoralis* Oliv. — Sodaflecken, halische Uferzone; häufig beobachtet.

2. *Pogonus luridipennis* Nicol. — Uferzone, besonders im Anspülicht.
3. *P. persicus peisonis* Gglb. — Uferzone.
4. *Dyschirius salinus* Schaum — Wie *Bledius*, aber seltener.
5. *D. pusillus* Dej. — Wie obige Art.
6. *Bryaxis sanguinea* L. — Lachenufer-Anspülicht, Trockenrasen.
7. *Corticaria* cf. *fulva* Com. — Lachenufer (G).
8. *Bagous argillaceus* Gyll. — Wie obige Art.
9. *Sphenophorus piceus* Pall. — Lachenufer (L).
10. *Helophorus micans* Ggb. — Lachenufer (G, L).
11. *Ochthebius marinus* Payk. — an der Wasserlinie, z. T. Massenansammlungen.

Rhynchota:
(det. Prof. Dr. W. Kühnelt, Wien)

1. *Piesma quadrata* Fieb. — Uferzone, Trockenrasen.
2. *Rhyparochromus chiragra* F. — Trockenrasen, Salzsteppe.
3. *Saldula saltatoria* L. — Uferbereiche.

Collembola:
(det. Dr. H. Gisin, Genf)

1. *Proisotoma (Ballistura) crassicauda* Tullbg. — An den unmittelbaren Lackenrändern (s. im ökol. Teil): stellenweise auch an kleinen Wasserpfützen auf austrocknenden Zickflächen sowie im feuchten Deckungsbereich von *Lepidium* und *Sueda* gefunden.
2. *P. (B.) schötti* Dalla Torre. — Wie vorige Art.

Die erstgenannte Art wurde im ostalpinen Raum bisher an 2 Stellen, an Moorrändern nachgewiesen (Franz 1954, 614). Von *P. schötti* lag in Österreich erst ein Fund, u. zw. vom Neusiedler See vor (Kseneman, zit. n. Franz 1954). Funde im Binnenland und an Binnenlandsalzstellen waren von Stach angezweifelt und eine Verwechslung mit *crassicauda* vermutet worden (vgl. Strenzke 1955, 34ff.). Inzwischen konnte Gisin diese Art in der Schweiz, an Kompoststellen sicher nachweisen. Durch die nunmehr gesicherten Funde an den Sodalacken im Seewinkel erscheint auch das von Kseneman gemeldete Vorkommen an Salzstellen in Mähren nicht mehr zweifelhaft.

Oribatei:

Die Reihung der Arten erfol t im wesentlichen nach dem Einteilungsschema Vitzthums (1943) Die systematische Literatur wurde bis Ende 1957 berücksichtigt, später erschienene nach Möglichkeit mitverwertet. Währemd eines mehrmonatigen Forschungsaufenthaltes am Max-Planc-ß Institut für Meeresbiologie in

Wilhelmshaven war es mir außerdem möglich, Vergleiche mit Präparaten der Sammlung STRENZKE durchzuführen. Herr Doktor K. STRENZKE stellte mir dazu Sammlung und Bibliothek uneingeschränkt zur Verfügung, wofür ich ihm aufrichtig danken möchte.

Nur jene Literatur ist angeführt, die unmittelbar zur Identifizierung diente. Im Hinblick auf die bisher noch unzulänglich bekannte Variabilität der Oribatiden werden beobachtete Abweichungen von der Originalbeschreibung kurz angeführt.

(!) = Zum Vergleich lag Material der Sammlung STRENZKE vor.

1. *Epilohmannia cylindrica* (Berl.) — BALOGH 1943, OUDEMANS 1917.

Derzeit läuft eine Untersuchung über diese Spezies, wozu aus verschiedenen Gebieten Europas Material vorliegt. Eine Veröffentlichung soll demnächst an anderer Stelle erfolgen.

2. *Brachychthonius bimaculatus* Willm. — WILLMANN 1936.

Der große seitliche Fleck im caudalen Hysterosomalabschnitt läßt eine beginnende Querteilung in 2 ungefähr gleichgroße Flecke erkennen.

3. *B. berlesei* Willm. — EVANS 1952, STRENZKE 1951b, (!).

Der große Seitenfleck im caudalen Hysterosomalabschnitt ist nicht unterteilt (s. STRENZKE); die englischen Tiere haben an seiner Stelle 2 deutlich getrennte Flecke (EVANS).

4. *B. ensifer* Strenzke — STRENZKE 1951b, (!).

Die vor den Lamellarborsten verlaufende feine Querkante ist in der Mitte unterbrochen, bei den norddeutschen Tieren durchlaufend.

5. *B. semiornatus* Evans — EVANS 1952.

6. *B. hungaricus* (Balogh) — BALOGH 1943, STRENZKE 1951b, EVANS 1952, (!).

Die analmedianen Flecke des 1. und 2. Hysterosomalabschnittes etwas asymmetrisch angeordnet, wie bei STRENZKE; die Fleckenkonturierung im caudalen Hysterosomalabschnitt sehr deutlich, wie bei EVANS.

7. *B. jugatus suecica* (Forssld.)? — FORSSLUND 1942.

Der Sensillus etwas dicker; die beiden Ringflecken im vorderen Hysterosomalabschnitt treten deutlich hervor, wie bei *B. cricoides* Weis-Fogh (1947/48); die rückwärtige mediane Fleckengruppe des 1. Hysterosomalabschnittes besteht nicht aus 3 Fleckenpaaren, sondern ist wie bei *cricoides* in EVANS (1952) gestaltet.

8. *Trhypochthonius tectorum* (Berl.) — WILLMANN 1931, SELLNICK 1928, (!).

Größe 708—720 µ; STRENZKES Tiere sind etwas kleiner, stimmen ansonsten überein.

9. *Camisia spinifer* (Koch) — SELLNICK u. FORSSLUND 1955.

10. *C. biverrucata* (Koch) — SELLNICK u. FORSSLUND 1955.
11. *Neoliodes ionicus* Selln. — SELLNICK 1931, WILLMANN 1935.
12. *Cymberemaeus sp.* — (leg. 1 Nymphe.)
13. *Damaeus verticillipes* Nic. — WILLMANN 1931, (!).
14. *D. sp. A.*

Mit keiner der bisher bekannten Arten eindeutig identifizierbar. Größe 680—695 µ; mittelbraun; gut entwickelte Spinae adnatae; relativ dicke Notogastralborsten, 1. Paar nach vorne, 2.—5. nach rückwärts, 6.—9. nach vorne gekrümmt.

15. *Metabelba* sp. A.

Zwischen Bein I und II keine eckige Apophyse, kann aber mit keiner der bisher gesicherten Arten aus dieser Gruppe (v. D. HAMMEN u. STRENZKE 1953, KUNST 1957) identifiziert werden. Größe 580 × 367 µ; Farbe hell gelbbraun; Notogastralborsten annähernd radiär gestellt, dunkel gefärbt; die Glieder von Bein IV merklich länger als bei den bisher bekannten Arten.

16. *Gymnodamaeus bicostatus* (Koch) — WILLMANN 1931, GRANDJEAN 1954, (!).

17. *Licneremaeus prodigiosus* Schuster 1958.

Ergänzend zur Originalbeschreibung sei hier mitgeteilt, daß die Notogasterornamentierung variieren kann, u. zw. im Bereich der medianen Fleckenreihe. Häufig lassen sowohl der Nackenfleck als auch der nächstfolgende, unpaare Medianfleck eine meist schräg verlaufende Trennungslinie erkennen. Die beiden folgenden medianen Fleckengruppen können ebenfalls hinsichtlich Zahl und Anordnung etwas variieren. Zwei auffällige Variationen der medianen Fleckenreihe zeigt Abb. 6 a, b.

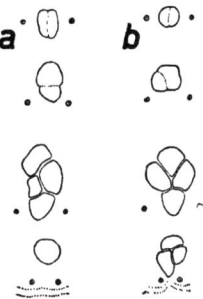

Abb. 6 a, b.

18. *Suctobelba intermedia* Willm. — WILLMANN 1939b, FORSSLUND 1941, STRENZKE 1951a, (!).

Propodosoma-Ausgestaltung wie bei FORSSLUND; Rostrum wie bei STRENZKE, die Zähne allerdings nicht so stark zugespitzt und die rückwärtigen kleinen Zähnchen oft gänzlich reduziert — dabei Unterschiede zwischen links und rechts am selben Tier beobachtet.

19. *S. subcornigera* Forssld. — FORSSLUND 1941, STRENZKE 1951a, (!).

Propodosoma weitgehend mit FORSSLUNDS Beschreibung übereinstimmend, etwas variabel (vgl. gleichlautenden Hinweis bei STRENZKE); Rostralbezahnung ebenfalls variabel, die zweite Inzisur nicht so breit gerundet, der rückwärtige Zahn stumpf endigend.

20. *S. sarekensis* Forssld. — FORSSLUND 1941, STRENZKE 1951a.

Hinter den üblichen 2 Rostralzähnen meist noch ein dritter, schwächerer Zahn; Zähne nicht scharf zugespitzt; Apikallobus breit gerundet, ohne Einbuchtungen; Sensillus mit seichteren Einbuchtungen des Sensillusrandes als bei den norddeutschen Tieren.

21. *Oppia nitens* (Koch) — WILLMANN 1931.

22. *O. quadricarinata* (Mich.) — WILLMANN 1931, (!).

23. *O. corrugata* Berl. — WILLMANN 1931 (als *O. neerlandica*), (!).

24. *O. minus* (Paoli) — PAOLI 1908, (!).

Wie bei den norddeutschen Tieren (vgl. STRENZKE 1952, 12) fehlt die kurze, gebogene Querleiste vor den beiden vom Notogasterrand nach vorne zu abgehenden kleinen Cuticularkielen.

25. *O.* cf. *assimilis* Mihelč. — MIHELČIČ 1956.

Größe 260—272 µ; die beiden medianen, unmittelbar vor der Grenzlinie des Notogaster befindlichen Fleckenlängsreihen bestehen nicht aus 2, sondern aus 3 hintereinandergereihten und annähernd gleichgroßen Flecken, wie bei *O. sexmaculata* Dalenius (1950), von der sie sich aber durch den Besitz von deutlichen Fleckengruppen seitlich des Interlamellarraumes unterscheidet; Sensillus nur mit 8—10 Seitenborsten versehen, in der für *assimilis* angegebenen Form; Lamellarleisten verlaufen bis zur Insertionsstelle der Lamellarborsten und sind knapp davor durch eine mehr oder weniger deutliche Querleiste verbunden; die seitlich vom Interlamellarraum gelegenen Fleckengruppen variieren hinsichtlich Form und Anzahl der Flecken (5—7), was auch bei den spanischen Tieren zu sein scheint.

26. *O. bicarinata* (Paoli) — WILLMANN 1931.

27. *Hydrozetes lemnae* Coggi — GRANDJEAN 1948, (!).

28. *Tectocepheus velatus* (Mich.) — KNÜLLE 1954, HAARLØV 1952, (!).

Viele Exemplare ähnelten mehr oder weniger KNÜLLES Varietät *sarekensis*, doch war keine eindeutige Zuordnung möglich (vgl. hierzu den Hinweis in HAARLØV 1957, 51). Größe 308—335 µ.

29. *Passalozetes intermedius* Mihelč. sensu Kunst — KUNST 1957, MIHELČIČ 1954.

Meine Tiere stimmen mit den von der Originalbeschreibung abweichenden Exemplaren KUNSTS vollkommen überein (s. SCHUSTER 1958; inzwischen wurden weitere Exemplare gefunden).

30. *Scutovertex pannonicus* Schuster 1958.
31. *S. sculptus* Mich. sensu Strenzke — STRENZKE 1943, (!).

In folgenden Merkmalen abweichend: Größe 518—544 µ, liegt unter dem angegebenen Wert; Sensillus etwa $^1/_3$ länger gestielt, Keule länglicher; das dunkle Längsband im Interlamellarraum läuft nur bis zur Translamelle, ohne diese zu durchdringen; Notogasterborsten besitzen keine absolute Formkonstanz. Die angeführten Abweichungen dürften in den Variationsbereich von *Sc. sculptus* sensu Strenzke gehören. Dr. EVANS, London, hat inzwischen STRENZKES Präparat mit MICHAELS Originalpräparaten verglichen und keine völlige Übereinstimmung gefunden (STRENZKE mündl.). Unsere Kenntnis über die morphologische Variabilität der anscheinend sehr plastischen Gattung *Scutovertex* ist derzeit leider noch sehr lückenhaft und bedarf eingehender Untersuchungen (vgl. dazu den Hinweis in STRENZKE 1952, 120).

32. *Xenillus tegeocranus* Herm. — WILLMANN 1931, (!).

Starke Größenschwankungen = 816—1075 µ; an der Basis des Lamellarspaltes befindet sich ein sehr kleines Zähnchen; Notogaster mit kleinen, dicht angeordneten, rundlichen Vertiefungen.

33. *Liebstadia similis* (Mich.) — WILLMANN 1931, (!).
34. *Zygoribatula exarata* Berl. — SCHUSTER 1958.
35. *Z. longiporosa* Hammer — HAMMER 1953.

Mit der Beschreibung der australischen Tiere übereinstimmend. Frau Dr. HAMMER, der ich Vergleichsmaterial übersandte, bestätigte vorerst die große Ähnlichkeit; ein eingehender morphologischer Vergleich steht derzeit allerdings noch aus. Körpergröße variabel: 476—544 µ. Nach MIHELčIč (1956, 158) soll *longiporosa* in der Umgebung Madrids vorkommen. Eine genauere morphologische Charakterisierung meiner Tiere und ein Vergleich mit der von MIHELčIč beschriebenen *Z. trichosa* soll erst nach endgültiger Überprüfung mit den australischen Tieren mitgeteilt werden.

36. *Z. cognata* (Oudm.) — WILLMANN 1931.

Die Ausgestaltung der Translamelle zeigt Übergänge zu *frisiae*; von problematischem Wert dürfte auch das Unterscheidungsmerkmal „Deutlichkeit der Notogastergrenze" sein, wie Reihenuntersuchungen ergaben. Die Größe 370—385 µ spricht eher für *cognata*, doch kommen unter norddeutschen *Frisiae*-Exemplaren fast ebensogroße Tiere vor. Die derzeit gebräuchlichen Unterscheidungsmerkmale zwischen diesen beiden Arten erlauben in vielen Fällen keine eindeutige Zuordnung. Auch STRENZKES *Zygoribatula*-Material läßt eine ähnliche Variabilität erkennen.

37. *Microzetorchestes emeryi* (Coggi) — BALOGH 1943, GRANDJEAN 1951 (unter *Diorchestes*).
38. *Scheloribates laevigatus* (Koch) — V. D. HAMMEN 1952, WILLMANN 1931, (!).

39. *S. pallidulus* (Koch) — v. d. Hammen 1951, Willmann 1931, (!).

Morphologisch mit Strenzkes Exemplaren übereinstimmend, jedoch bedeutend größer (675 × 380 µ). Auch *Scheloribates* erweist sich bei genauerer morphologischer Untersuchung als plastische Gattung. Die bisher gebräuchliche Trennung mancher Arten auf Grund geringfügiger Unterschiede in der Sensillus-Form läßt m. E. nicht immer eine eindeutige Identifizierung zu, wodurch eine ökologische Auswertung gerade von „häufigeren" Arten oft nur mit Vorbehalt vorgenommen werden kann.

40. *Protoribates capucinus* Berl. — Willmann 1931.

41. *P. pannonicus* Willm. — Willmann 1951.

Als Ergänzung zur Originalbeschreibung seien folgende Merkmale anhand meiner Exemplare angeführt: Es kann zwischen Propodosoma und Notogaster eine nach vorne gerundete Grenzlinie angedeutet sein, allerdings sehr fein; Prolamelle vorhanden; Notogasterrand mit der üblichen Fleckenornamentierung; Sensillus rundlich, wie ihn Willmann abbildet, in Seitenansicht von länglicher, mehr keuliger Form; normale Scherenchelizeren, Dig. fix.: Dig. mob. = 3,4; Analplatten mit 2, Genitalplatten mit 4 Borstenpaaren; Durchschnittsgröße 345 × 180 µ.

42. *Sphaerobates gratus* (Selln.) — Willmann 1931.

43. *Trichoribates incisellus* (Kramer) — Willmann 1931, (!).

44. *T. trimaculatus* (Koch) — Willmann 1931, (!).

Länge der Cuspis-Außenspitzen in geringem Maße variierend; Größe: 639—655 µ lang, durchschnittlich 465 µ breit.

45. *Punctoribates hexagonus* Berl. — Willmann 1931, (!); die Beschreibung von *P. pragensis* Winkler (1957) lag bereits zum Vergleich vor.

46. *Oribatella calcarata* (Koch) — Balogh 1943, Willmann 1931, (!).

Meine Exemplare nehmen hinsichtlich der Körpergröße eine Mittelstellung zwischen *calcarata* und *quadricornuta* ein. 2 bevorzugte Größenklassen (!), um 516 µ und 540 µ, die morphologisch völlig übereinstimmen. Körperform und Lamellenausgestaltung wie bei Willmann, fig. 310; Sensillus leicht pfriemenförmig, wie bei Balogh, fig. 5. Vergleichsmaterial von *O. calcarata* aus der Collection Strenzke ergab Tiere, die sowohl morphologisch als auch größenmäßig (544 µ) mit meinen Exemplaren völlig übereinstimmen. Balogh und Willmann geben als Länge 600—615 µ an.

47. *Anachipteria ornata* Schuster 1958.

48. *Galumna (Galumna) obvius* Willm. — Willmann 1931, (!).

49. *G. (Pergalumna) nervosus* Berl. — Willmann 1931.

Körpergröße 635—700 u, n. Willmann 580 µ.

50. *G. (Pergalumna)* sp. A.

520—600 µ lang; winzige Interlamellarborsten; Sensillus eine gestielte, beborstete Keule; Notogasterlinie deutlich; Areae porosae adalares groß, quer gestellt, gegen die Pteromorphen hin verbreitert; Anordnung der Areae porosae wie bei *nervosus* in WILLMANN.

51. *G. (Pergalumna)* sp. *B.*

Länge 632—645 µ; lange Interlamellarborsten; Sensillus fadenförmig zurückgebogen, ohne spindelförmige Verdickung, beborstet, jedoch ohne peitschenartig geschwungene Spitze.

52. *G. (Allogalumna) allifera* Oudms. — WILLMANN 1931.

53. *Pelops nepotulus* Berl. — WILLMANN 1935.

Der Sensillus ist nicht so dickkeulig, sondern etwas schmäler als in WILLMANNS fig. 24, ähnelt dadurch dem von *P. tardus*, fig. 25, und entspricht damit der Originalbeschreibung „... sat elongate fusiformia ...".

54. *P. subexutus* Berl. sensu Selln. — SELLNICK 1931.

MIHELčič (1957) gibt ebenfalls eine Wiederbeschreibung von *subexutus* Berl., aber von einem Tier mit ganz anders gestaltetem Propodosoma und ohne Hinweis auf die Beschreibung von SELLNICK. Derartig verschiedene Auffassungen über die Morphologie der BERLESEschen Art sind insoferne möglich, als die abbildungslose Originaldiagnose (BERLESE 1917) sehr kurz und allgemein gehalten ist. Im folgenden seien anhand meiner Exemplare einige Ergänzungen zu *subexutus* sensu Sellnick angeführt: Länge 765 bis 910 µ schwankend; Innenkante der Cuspides bogig ausgerundet — mehr als bei der rechten Cuspis in SELLNICK, fig. 2c, angedeutet ist; das Notogaster ist ganz fein genetzt (Netzmaschen = eng nebeneinanderliegende, kleine helle Flecke).

55. *Peloptulus phaenotus* (Koch) — WILLMANN 1931, (!).

56. *Pseudotritia ardua* (Koch) — WILLMANN 1931 (unter *Oribotritia loricata*).

Schon STRENZKE (1952, 157) hat vermutet, daß sich unter *P. ardua* mindestens eine zweite Art verbirgt, die u. a. durch den Besitz eines doppelten Aspiskieles gekennzeichnet ist. GRANDJEAN (1953) hat diese Spezies als *P. duplicata* (Mich.) abgetrennt. Meine Exemplare besitzen nur einen einfachen Kiel, weshalb ich sie für *ardua* halte. Im Hinblick auf vielleicht zukünftige Untersuchungen über die Morphologie von *Pseudotritia* möchte ich meine Tiere kurz charakterisieren: Dunkel bräunlichgelb; Hysterosomalänge 400—544 µ; Sensillus vorne etwas verdickt mit einigen starken, borstenartigen Fortsätzen, wie es SCHWEIZER (1956) für „*Oribotritia canestrinii*" zeichnet; vom Bothridium ein einfacher Kiel nach vorne laufend; Notogasterborsten steif aufrecht, mit feinen Fiederchen (wie bei *canestrinii*); Tarsen 3krallig, Außenkrallen schwächer; Genitalplatten mit je 6 feinen Borsten; Verbindungsdreieck mit der charakteristischen Wellenlinie; Analfeld mit 5 Paaren in je einer Reihe geordneten, deutlichen Borsten; Borstenpaar Nr. 2 und 3 etwas kürzer als die übrigen (WILLMANN beschreibt und zeichnet nur „1 Paar lange Borsten ..." — ?).

VII. Zusammenfassung.

1. Das kontinentale Salzsteppengebiet des Seewinkels wurde in Hinblick auf die bodenbewohnende Kleinarthropoden-, insbesondere Oribatidenfauna untersucht. Eine Reihe von Böden mit abgestuftem Versalzungsgrad, vom hochversalzten, vegetationslosen Sodaboden bis zum salzfreien Trockenwäldchen, wurden dazu ausgewählt.

2. Kleinarthropoden allgemein: Die Besatzdichte sinkt vom glykischen (salzfreien) Trockenrasen zum extremen Salzboden hin abgestuft ab. Besonders deutlich ausgeprägt ist der Abfall am Übergang vom humusführenden geschlossenen Salzsteppenrasen zum extrem humusarmen, schütter bewachsenen Halophytenreinbewuchs. In den extrem versalzten, vegetationslosen Sodaböden treten noch immer Kleinarthropoden (Milben, Dipterenlarven, Kleinkäfer) auf, allerdings in äußerst geringer Abundanz und unregelmäßiger Verteilung. In den salzfreien Trockenwäldchen erreicht die Besatzdichte ihren Höchstwert im Seewinkel.

3. Oribatiden speziell: Insgesamt wurden 56 Arten gefunden und biozönotisch gegliedert. Für einige Arten ließ sich eine charakteristische Verteilung nachweisen. Die Salzsteppenböden werden von einer verarmten Fauna des salzfreien Trockenrasens besiedelt. 3 Arten vermögen noch weiter in den sehr stark versalzten *Lepidium-cartilagineum*-Boden (sommerliches Durchschnitts-p_H um 10) vorzudringen. Nur eine Art (n. sp.) erwies sich auf versalzte Bodenbereiche beschränkt. Die vegetationslosen, extremen Sodaböden werden von Oribatiden nicht mehr besiedelt. — Die Oribatidenfauna der Küstenböden und anderer Binnensalzstellen wird zum Vergleich herangezogen: Ähnlichkeiten in der artmäßigen Besiedlung sind vorhanden, jedoch wurde keine der bisher bekannten thalassobionten Arten im Gebiet festgestellt.

Die in Salzböden wirkenden Faktoren werden diskutiert und insbesondere auf den dort herrschenden Nahrungsmangel hingewiesen. Von 21 Arten werden ernährungsbiologische Befunde mitgeteilt; vorwiegend handelt es sich um Mikrophytenfresser.

4. Eine tiergeographische Gliederung der gefundenen Arten läßt den starken Einfluß des südeuropäischen Faunenelementes erkennen. Einige novae species wurden gefunden, mehrere Arten erstmals für Österreich nachgewiesen.

5. Im systematischen Teil werden alle artmäßig erfaßten Tiere zusammengestellt. Außer den vollständig aufgearbeiteten Oribatiden werden Funde von Asseln, Pseudoskorpionen, Ameisen, Käfern, Wanzen und Collembolen mitgeteilt.

Literaturverzeichnis.

BALOGH, J. (1943): Magyarország páncélosatkái — Conspectus Oribateorum Hungariae. Budapest, 202 S.

BERLESE, A. (1917): Centuria prima di Acari nuovi. Redia *12*, 19—67.

DALENIUS, P. (1950): The Oribatidfauna of South Sweden with remarks concerning its ecology and zoogeography. Kgl. Fisiogr. Sällsk. Lund Förhandl. *20*, 3, 30—48.

EVANS, G. O. (1952): British mites of the genus Brachychthonius Berl. 1910. Ann. Mag. nat. Hist., Ser. XII, *5*, 227—239.

FORSSLUND, K.-H. (1941): Schwedische Arten der Gattung Suctobelba Paoli (Acari, Oribatei). Zool. Bidr. Uppsala, *20*, 381—396.

— (1942): Schwedische Oribatei (Acari I). Ark. Zool. *34* A, 10, 1—11.

FRANZ, H. (1954): Die Nordostalpen im Spiegel ihrer Landtierwelt. I. Bd., Innsbruck, 664 S.

FRANZ, H. und BEIER, M. (1948): Zur Kenntnis der Bodenfauna im pannonischen Klimagebiet Österreichs. II. Die Arthropoden. Ann. Naturhist. Mus. Wien, *56*, 440—549.

FRANZ, H., HÖFLER, K. und SCHERF, E. (1937): Zur Biosoziologie des Salzlachengebietes am Ostufer des Neusiedler Sees. Verh. Zool.-Botan. Ges. Wien, *87*, 297—364.

GOETSCH, W. (1949): Beiträge zur Biologie und Verbreitung der Ameisen in Kärnten und in den Nachbargebieten. Österr. Zool. Z. *2*, 39—69.

GRANDJEAN, F. (1948): Sur les Hydrozetes (Acariens) de l'Europe occidentale. Bull. Mus. Hist. Nat. Paris (2) *4*, 328—335.

— (1951): Etude sur les Zetorchestidae (Acariens, Oribates). Mém. Mus. Nat. (A), Zool., *4*, 1—50.

— (1953): Observations sur les Oribates (25. sér.). Bull. Mus. Nat. Hist. Paris (2), *25*, 155—162.

— (1954): Observations sur les Oribates (28. sér.). Bull. Mus. Nat. Hist. Paris (2), *26*, 204—211.

GUNHOLD, P. (1954): Vergleichende bodenzoologische Untersuchungen an Wald-, Wiesen- und Ackerböden im pannonischen Klimagebiet. Z. f. Pflanzenern., Düng., Bodenkd., *66* (111), 3, 19—29.

GUNHOLD, P. und PSCHORN-WALCHER, H. (1956): Untersuchungen über die Mikrofauna von Verlandungs-, Steppen- und Waldböden im Neusiedler Seegebiet. Wissensch. Arb. aus dem Burgenld., Heft 12, 1 bis 24.

HAARLØV, N. (1952): Systematics and ecology of the genus Tectocepheus Berlese 1896 (Acarina). Ent. Medd. *26*, 424—437.

— (1957): Microarthropods from Danish soils. Spol. Zool. Mus. Hauniensis *17*, 1—60.

HAMMEN, L. V. D. (1952): The Oribatei (Acari) of the Netherlands. Zool. Verh. Leiden, Nr. *17*, 1—139.

HAMMEN, L. v. D. und STRENZKE, K. (1953): A partial revision of the genus Metabelba Grandjean (Oribatei, Acari). Zool. Medd. Mus. Leiden *32*, 141--154.

HAMMER, M. (1953): A new species of Oribateid mite from Queensland. Austral. J. Zool., *1*, 236—238.

KARPPINEN, E. (1958): Über die Oribatiden (Acar.) der finnischen Waldböden. Ann. Zool. Soc. „Vanamo" *19*, 1—43.

KNÜLLE, W. (1954): Die Arten der Gattung Tectocepheus Berlese (Acari). Zool. Anz. *152*, 280—305.

— (1957): Die Verteilung der Acari-Oribatei im Boden. Z. Morph. u. Ökol. Tiere, *46*, 397—432.

KUBIENA, W. (1953): Bestimmungsbuch und Systematik der Böden Europas. Stuttgart, 392 S.

KÜHNELT, W. (1950): Bodenbiologie. Verlag Herold, Wien, 368 S.

-- (1955): Zoologische Untersuchungen an den Salzlacken des Seewinkels. Anz. math.-naturw. Kl. Österr. Akad. Wiss. *14*, 1—6.

KUNST, M. (1957): Bulgarische Oribatiden (Acarina) I. Biologica, Univ. Carolina *3*, 2, 133—165.

LÖFFLER, H. (1958): Vergleichende limnologische Untersuchungen an den Gewässern des Seewinkels — I. Verh. Zool.-Botan. Ges. (im Druck).

MACHURA, L. (1935): Ökologische Studien im Salzlackengebiet des Neusiedler Sees mit besonderer Berücksichtigung der halophilen Koleopteren- und Rhynchotenarten. Z. wiss. Zool. (A) *146*, 555—590.

MAZEK-FIALLA, K. (1936): Die tiergeographische Stellung und die Biotope der Steppen am Neusiedler See in bezug auf pannonische, mediterrane und halophile Tierformen. Arch. f. Naturgesch. (N. F.) *5*, 4, 449—482.

MIHELČIČ, F. (1954): Beitrag zur Geographie und Ökologie des Genus Passalozetes Grdj. Zool. Anz. *153*, 167—170.

— (1956): Oribatiden Südeuropas — V. Zool. Anz. *157*, 154—174.

— (1957): Oribatiden der iberischen Halbinsel VI. Zool. Anz. *158*, 53—66.

OUDEMANS, A. C. (1917): Notizen über Acari, 25. Reihe. Arch. f. Naturgesch. (A) *82*, 6, 1—84.

PSCHORN-WALCHER, H. und GUNHOLD, P. (1957): Zur Kenntnis der Tiergemeinschaft in Moos- und Flechtenrasen an Park- und Waldbäumen. Z. Morph. Ökol. Tiere *46*, 342—354.

REMMERT, H. (1956): Der Strandanwurf als Lebensraum für Thinoseius fucicola (Halbert) (Acarina). Z. Morph. Ökol. Tiere *45*, 146—156.

PAOLI, G. (1908): Monografia del genre Damaeosoma Berl. e generi affini. Redia *5*, 31—91.

SCHUSTER, R. (1956): Der Anteil der Oribatiden an den Zersetzungsvorgängen im Boden. Z. Morph. Ökol. Tiere *45*, 1—35.

— (1958): Beitrag zur Kenntnis der Milbenfauna (Oribatei) in pannonischen Trockenböden. Sitzber. Österr. Akad. Wiss., math.-naturw. Kl., Abt. I. *167*, 221—235.

SCHWEIZER, J. (1926): Landmilben aus Salzquellen bzw. Salzwiesen von Oldesloe (Holstein). Mitt. Geogr. Ges. u. Naturhist. Mus. Lübeck (2), H. 31, 27—33.
— (1956): Die Landmilben des schweizerischen Nationalparkes — 3. Sarcoptiformes. Ergebn. wiss. Unters. schweiz. Nationalparkes 5 (N. F.), 34, 213—377.
SELLNICK, M. (1928): Hornmilben, Oribatei. In: Brohmer-Ehrmann-Ulmer, Die Tierwelt Mitteleuropas. 3, 4, IX, 1—42.
— (1931): Zoologische Forschungsreise nach den Ionischen Inseln und dem Peloponnes. XVI. Acari. Sitzber. Österr. Akad. Wiss., math.-naturw. Kl., Abt. I, 140, 693—776.
— (1949): Milben von der Küste Schwedens. Ent. Tidskr. 70, 123—135.
SELLNICK, M. und FORSSLUND, K.-H. (1955): Die Camisiidae Schwedens (Acar. Oribat.). Ark. Zool., II, 8 (4), 473—530.
STRENZKE, K. (1943): Beiträge zur Systematik landlebender Milben I/II. Arch. Hydrobiol. (A. Thienemann-Festbd.) 40, 57—70.
— (1951a): Die norddeutschen Arten der Oribatiden-Gattung Suctobelba. Zool. Anz. 147, 147—166.
— (1951b): Die norddeutschen Arten der Gattungen Brachychthonius und Brachychochthonius (Acarina, Oribatei). Deutsch. Zool. Z. 1, 234—249.
— (1952): Untersuchungen über die Tiergemeinschaften des Bodens: Die Oribatiden und ihre Synusien in den Böden Norddeutschlands. Zoologica 104, 1—173.
— (1953): Passalozetes bidactylus und P. perforatus von den schleswigholsteinischen Küsten (Acarina: Oribatei). Kieler Meeresforschg. 9, 231—234.
— (1955): Collembola. In: Tierw. d. Nord- u. Ostsee. Lief. 36, XI f_2, 1 bis 52.
TISCHLER, W. (1949): Grundzüge der terrestrischen Tierökologie. Braunschweig, 220 S.
VITZTHUM, H. (1941): Acarina. In: Bronns Klass. u. Ordng. d. Tierreichs, 5, IV, 5. Lief., 1011 S.
WEIS-FOGH, T. (1947/48): Ecological investigations on mites and collemboles in the soil. Natura Jutlandica 1, 135—270.
WENDELBERGER, G. (1951): Zur Soziologie der kontinentalen Halophytenvegetation Mitteleuropas. Denkschr. Österr. Akad. Wiss., math.-naturw. Kl., 108, V, 1—180.
— (1954): Steppen, Trockenrasen u. Wälder des pannonischen Raumes. Festschr. f. Erwin Aichinger, Wien (Sonderflg. d. Angew. Pflanzensoz.), Bd. 1, 573—634.
WILLMANN, C. (1931): Moosmilben oder Oribatei. In: Dahl, Tierwelt Deutschlands. 22. Teil, 79—200.
— (1935): Oribatei. In: Jaus, Faunistisch-ökologische Studien im Anningergebiet. Zool. Jb. System. 66, 331—344.
— (1936): Neue Acari aus schlesischen Wiesenböden. Zool. Anz. 113, 273—290.

WILLMANN, C. (1937): Beitrag zur Kenntnis der Acarofauna der ostfriesischen Inseln. Abh. Nat. Verein Bremen *30*, 152—169.
— (1939a): Terrestrische Acari der Nord- und Ostseeküste. Abh. Nat. Ver. Bremen *31*, 521—550.
— (1939b): Die Moorfauna des Glatzer Schneeberges. 3. Die Milben der Schneebergmoore. Beitr. Biol. Glatzer Schneeberg *5*, 427—458.
— (1949): Beiträge - zur Kenntnis des Salzgebietes von Ciechocinek. 1. Milben aus den Salzwiesen und Salzmooren von Ciechocinek an der Weichsel. Veröff. Mus. Bremen A. 1, 106—135.
— (1951): Untersuchungen über die terrestrische Milbenfauna im pannonischen Klimagebiet Österreichs. Sitzber. Österr. Akad. Wiss., math.-naturw. Kl., Abt. I, *160*, 91—176.

WINKLER, J. R. (1957): Chapters of Oribatid mites of Czechoslovakia, I—IV. Acta Faun. Entomol. Mus. Nat. Pragae *2*, 115—133.

Die in den Sitzungsberichten Abtlg. I und Abtlg. IIa der math.-nat. Klasse der Österr. Ak. d. Wiss. erscheinenden Abhandlungen werden auch einzeln abgegeben. Sie können durch jede Buchhandlung oder direkt durch die Auslieferungsstelle der Österreichischen Akademie der Wissenschaften (Wien I, Singerstraße 12) bezogen werden.

Nachfolgende Abhandlungen aus dem Fache **Botanik** (Biologie) sind erschienen:

1953 (S I Bd. 162):

Loub W.: Zur Algenflora der Lungauer Moore (mit 3 Textabbildungen). S 22.90
Wimmer Ch., und Höfler K.: Über die Eigenfluoreszenz lebender, absterbender und toter Florideenzellen (mit 3 Textabbildungen). S 9.60
Diskus A.: Vom Osmoseverhalten halophiler Euglenen vom Neusiedler See (mit 3 Tafeln). S 8.50

1954 (S I Bd. 163):

Kiermayer O.: Die Vakuolen der Desmidiaceen, ihr Verhalten bei Vitalfärbe- und Zentrifugierungsversuchen (mit 23 Textabbildungen), 48 Seiten. S 32.30
Loub W., Url W., Kiermayer O., Diskus A., und Hilmbauer K.: Die Algenzonierung in Mooren des österreichischen Alpengebietes (mit 1 Textabbildung und 3 Tafeln), 48 Seiten. S 26.70
Luhan Maria: Zur Wurzelanatomie unserer Alpenpflanzen III. Gentianaceae (mit 4 Textabbildungen und 1 Tafel), 19 Seiten. S 14.90
Poelt J.: Moosgesellschaften im Alpenvorland I (mit 3 Textabbildungen), 34 Seiten. S 15.10
Poelt J.: Moosgesellschaften im Alpenvorland II (mit 1 Textabbildung), 45 Seiten. S 26.50
Scheidl M.: Auslösung von Vakuolenkontraktion durch undissoziierte Basen (mit 12 Textabbildungen und 15 Diagrammen), 44 Seiten. S 28.—
Schiller J.: Über Cyanophyceen aus kleinen künstlichen Wasserbecken und aus dem Ruster Kanal des Neusiedler Sees (mit 17 Textabbildungen [49 Einzelbilder]), 31 Seiten. S 23.40

1955 (S I Bd. 164):

Hölzl J.: Über Streuung der Transpirationswerte bei verschiedenen Blättern einer Pflanze und bei artgleichen Pflanzen eines Bestandes (mit 8 Textabbildungen). S 40.—
Huber Elfriede: Vitalfärbungsversuche an Hochmooralgen mit leeren und vollen Zellsäften (mit 13 Abbildungen auf 3 Tafeln). S 36.40
Kiermayer O.: Über die Reduktion basischer Vitalfarbstoffe in pflanzlichen Vakuolen (mit 4 Tafeln und 1 Farbtafel). S 25.20
Loub W.: Algenbiozönosen des Neusiedler Sees (mit 9 Textabbildungen). S 22.—
Url W.: Resistenz von Desmidiaceen gegen Schwermetallsalze (mit 8 Abbildungen auf 2 Tafeln). S 23.—
Ziegler Annemarie: Die blau fluoreszierenden Idioblasten der Scrophulariaceen: Morphologie, Mikrochemie und Vitalfärbbarkeit (mit 19 Abbildungen im Text und auf 3 Tafeln). S 46.90

1956 (S I Bd. 165):

Abel W. O.: Die Austrocknungsresistenz der Laubmoose (mit 14 Abbildungen im Text und auf 5 Tafeln). S 73.30
Fetzmann Elsa Leonore: Beitrag zur Algensoziologie (mit 3 Textabbildungen, 4 Tafeln und 1 Beilage). S 73.60
Lenk Ingeborg: Vergleichende Permeabilitätsstudien an Süßwasseralgen (Zygnemataceen und einige Chlorophyceen) (mit 7 Textabbildungen). S 83.60
Sperlich A.: Die Fortpflanzungstüchtigkeit (Phyletische Potenz) des Fremdbefruchters. Nach Versuchen mit drei Formen des Alectorolohus hirsutus (Lam.) Alb. S 58.90

1957 (S I Bd. 166):

Politis J.: Über die „Tanninoplasten" oder Gerbstoffbildner der Crassulaceae (mit 2 Textabbildungen und 1 Tafel). S 6.—
Politis J.: Über einen neuen Pflanzenfarbstoff in den Blüten einiger Verbascum-Arten (mit 2 Tafeln). S 5.20
Übeleis Ilse: Osmotischer Wert, Zucker- und Harnstoffpermeabilität einiger Diatomeen (mit 1 Textabbildung). S 30.40

1958 (S I Bd. 167):

Höfler Karl: Permeabilitätsstudien an Parenchymzellen der Blattrippe von Blechnum spicant (mit 5 Textabbildungen). S 45.—
Rechinger K. H., Dulfer H. und Patzak A.: Sirjaevii fragmenta astragalogica IV. S 38.10
Url Walter: Zur Wirkung der Atmungsgifte Natriumazid und Dinitrophanol auf die Permeabilität von Blechnum spicant-Zellen (mit 3 Textabbildungen). S 25.—
Wawrik Friederike: Hochgebirgs-Kleingewässer im Arlberggebiet III (mit 3 Textabbildungen und 1 Tafel). S 18.90

MIX
Papier aus verantwortungsvollen Quellen
Paper from responsible sources
FSC® C105338

If you have any concerns about our products,
you can contact us on
ProductSafety@springernature.com

In case Publisher is established outside the EU,
the EU authorized representative is:
**Springer Nature Customer Service Center GmbH
Europaplatz 3, 69115 Heidelberg, Germany**

Printed by Libri Plureos GmbH
in Hamburg, Germany